Magische Wildnis an der Ostsee

Der Nationalpark Vorpommersche Boddenlandschaft

Fotos

Timm Allrich,
Jürgen Reich
und andere

Text

Jan Baginski

Herausgeber

Förderverein Nationalpark
Boddenlandschaft e.V.

HINSTORFF

Der Darßer Weststrand und der Nordstrand von Pramort (Titelseite) gehören zu den ganz wenigen Abtragsküsten, wo wir der Ostsee keine Knüppel in die Brandung rammen. So spielen die Elemente hier völlig ungestört miteinander.

Inhalt

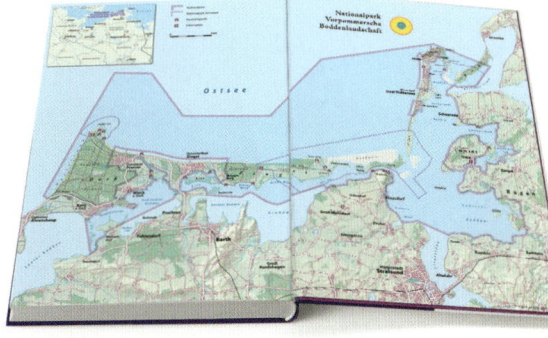

Treffpunkt der Scheuen und Schönen

Aufregung im Rotwildbezirk. Eigentlich gibt hier ein Geweihträger den Ton an. Aber ausgerechnet während der herbstlichen Brunft kreuzen in seinem Revier laut trompetende Kraniche auf. Wenn der stolze Solist mit seinem weiblichen Gefolge über eine Sandbank zur nächsten Insel schreitet, begleiten Fanfaren aus tausend Kehlen sein Röhren.

Auferstanden aus den Dünen

Zaghaft dringt der Strandhafer in den Schoß der jungen Düne vor. Ihr unsteter Lebenswandel ist seine Chance. Mit einem weitverzweigten Wurzelgeflecht trägt er nach und nach zu ihrer Beruhigung bei. Mit dem dünnen Gras gerinnt der lose Haufen zu festem Grund. Bald darauf gehen immer mehr Pflanzen in dem Sandmeer vor Anker.

Foto: Voigt & Kranz

Marmor, Stein und Eiche bricht

Wenn der Baum fällt, ist das der Urknall für seine Moleküle. Sie zerfließen in alle Richtungen und nehmen alsbald neue Formen an. Jedes Atom bekommt dabei eine neue Aufgabe, jede Faser ihre Bestimmung. Selbst Granit bricht unter dem steten Einwirken der Elemente. Die Zeit zermalmt ihn zu Krümeln, aus denen irgendwann Humus und schließlich Leben wird.

Wo die Grenzen
im Sand verlaufen

Das freie Stück Küstennatur ufert mal in die
eine, mal in die andere Richtung aus. Wie es dem
Wind gefällt. Bei den Sandbänken zwischen
Pramort und Hiddensee spricht man deshalb
auch von einem Windwatt. Es schaut nur bei
anhaltendem Südwind aus dem Wasser.
Meist nur ein paar Zentimeter.

Wohngemeinschaft über drei Etagen

An den ausgebeulten Boddenufern leben Pflanzen oft in mehreren Welten: Ihre Wurzeln schlagen sie in den Grund. Unterhalb der Gürtellinie leben sie im Wasser. Und ihre Blätter und Blüten wachsen im Trockenen. Das Wechselbad zwischen Sumpf und Sand ist auch die Heimat der Rispen-Segge. Sie hat die Füße nass, die Haare schön trocken und in jedem Geschoss andere Untermieter.

Landzunge
trifft Meerbusen

Wenn die Zugvögel ausgeflogen sind, ist es auf den Sandbänken, Wiesen und Wasserspiegeln zwischen den Inseln oft mucksmäuschenstill. Das Meer ist hier nämlich so platt, dass es keine Welle macht. In der grenzenlosen Weite rauscht nichts. Wenn allerdings ein Sturm das Blaue über das Grüne schiebt, dann zieht sich das Wasser schmatzend vom Grasland zurück.

Reduktion auf das Wesentliche

Die Farben weichen, die Wasser erstarren und die Zeit gerinnt. Ihren Lebensmut verlieren die Erlen trotzdem nicht. Wie auch andere Organismen reduzieren sie im Winter ihren Stoffwechsel. Sie leben auf Sparflamme, und in der Hoffnung auf baldige Frühlingssonne.

Spielwiese der Elemente

Auf der flachen Spitze der Insel Bock wird vorerst kein Wald heimisch. Zu oft versalzt die Ostsee hier die Wiesen. Nur Sanddorn und Holunder gesellen sich zu Gräsern und Seggen. Regelmäßig werden sie vom Rotwild beschnitten und vom Sturm gekämmt.

Die Steine kamen mit den Gletschern der letzten Eiszeit hierher. Wo sie sich auftürmen, konzentriert sich das Leben, denn die Brocken bieten Pflanzen und Tieren Halt und Schutz. So bedecken dichte Bergwälder aus Tang die kleinen Unterwassergebirge.

Die Schwester des Sturms

Der Windsbraut mangelt
es zwar an Salz und Sauerstoff,
keineswegs jedoch an
Temperament. Die kühle Blaue
ist ein ganz besonderes und
ein wechselhaftes Meer.

As Bonsai-Meer bezeichnen manche die Ostsee abfällig. Klein, flach und kühl sei sie. Und langweilig. Nicht einmal Gezeiten könne sie vorweisen. Andere schütteln darüber nur den Kopf. Sie sind froh, dass ihnen dieses Meer zu keiner Zeit den Rücken kehrt. Und an Temperament mangelt es der kühlen Blauen nun wahrlich nicht. Immerhin präsentiert sie uns - anders als das träge Mittelmeer - an jedem Tag ein anderes Gesicht.

Im Sommer steht die Ostsee ihren warmblütigen Schwestern ohnehin in nichts nach. So makellos ist dieses Meer, dass allabendlich die Sonne in ihm badet. Mal übergießt sie es mit Gold. Mal lässt sie ihre Glut kunstvoll durch eine allein reisende Wolke sickern.

In Herbst und Frühjahr inszeniert die Ostsee gern eine Rhapsodie in Grau. Wie flüssiges Blei liegt das Wasser da. Matt und stumpf. Zu keiner größeren Woge fähig. Fahl senken sich wallende Nebel und schwere Wolken herab. Sie schlucken den Horizont, sämtliche Konturen und Farben. Alles wird unscharf und unendlich, unergründlich und unheimlich.

Regelmäßig gerät die See aber auch in Ekstase. Meist bringt ein atlantischer Tiefausläufer sie zur Weißglut. Düster schaukelt sie sich auf und bläst zum Angriff auf die Küste. Mit Schaum vor den Wogen stürzen in immer kürzeren Abständen haushohe Wasserberge donnernd auf das Ufer. Wer diese zum Teil tagelangen Ausbrüche je erlebt, wer das Krachen der Brandung selbst in sicherem Abstand noch im Bauch gespürt hat, der wird über das kleine Meer nicht spotten.

Mitten ins Mark der Natur

In eine geradezu hypnotische Starre verfällt die Ostsee nur in wenigen Wintern. Bei lang anhaltendem Frost stockt auch ihr der Atem. Wenn dann das Rauschen erstirbt, ist es, als ob jemand einen Film anhält, als ob die Zeit gerinnt. In der gespenstischen Stille verstummen selbst die Möwen. Erst wenn das Eis knarrt und splittert, zanken sie wieder, machen sich heiser einen Happen streitig und beäugen die unerschrockenen Wanderer.

Doch leer bleiben die Strände zu keiner Jahreszeit. Die See findet bei allen Wettern Freunde. Kaum anderswo als hier am Wasser sind wir Mutter Erde so nah. Hier hören, riechen und schmecken wir sie. Hier atmen wir sie ein. Hier spüren wir sie auf den Wangen und unter den nackten Füßen. Hier fühlen wir ihren Herzschlag.

Manche kommen immer wieder, weil der Wind ihre Seele streichelt und das Meer ihre Träume beflügelt. Im Angesicht der fließenden, vor allem aber der ungebändigten, freien, grenzenlosen Urmaterie lassen sie sich von

1 | In manchen Wintern hüllt sich die Küste in Eis und Schweigen.

2 | In warmen Sommern und an flachen Stellen hat die Ostsee Südseecharme.

den Fragen des Daseins umwehen. Am Ende der begehbaren Welt, am Ufer der Unendlichkeit, denken sie über Gott und die Schöpfung nach, über das Glück und den Tod. Mit starrem Blick auf den fernen Horizont schmieden einige auch Pläne. Von Rückkehr, Umkehr oder Abkehr. Von ihrem Aufbruch zu neuen Ufern.

Ungezählte und prominente Liebeserklärungen hat die kapriziöse Windsbraut schon empfangen. In Tusche und Noten, zwischen Buchdeckeln oder auf Leinwänden huldigen ihr Dichter und Denker, Maler und Musiker. Doch die herbe Schönheit verdient unsere Aufmerksamkeit auch deshalb, weil sie kein Allerweltsmeer ist. Sondern ein ganz eigentümlicher Lebensraum.

Erst vor 10.000 Jahren aus dem Schmelzwasser der letzten Eiszeit entstanden, verfügt das im Durchschnitt lediglich 52 Meter flache baltische Becken nur über eine schmale Verbindung zur Nordsee. Ein kompletter Wasseraustausch dauert bis zu 35 Jahre. Weil aber aus den zahlreichen Flüssen und durch Niederschläge ständig Süßwasser hinzukommt, ist die Ostsee nicht einmal halb so salzig wie die Ozeane. Dieser geringe Salzgehalt macht sie zu einem einzigartigen und zugleich zum größten Brackwassermeer des Planeten.

Dabei verteilt sich das Salz keineswegs gleichmäßig. Am Zufluss zwischen Dänemark und Deutschland gibt

»Zukünftig wird es nicht mehr darauf ankommen, daß wir überall hinfahren können, sondern, ob es sich lohnt, dort anzukommen.«

Hermann Löns (1866-1914)

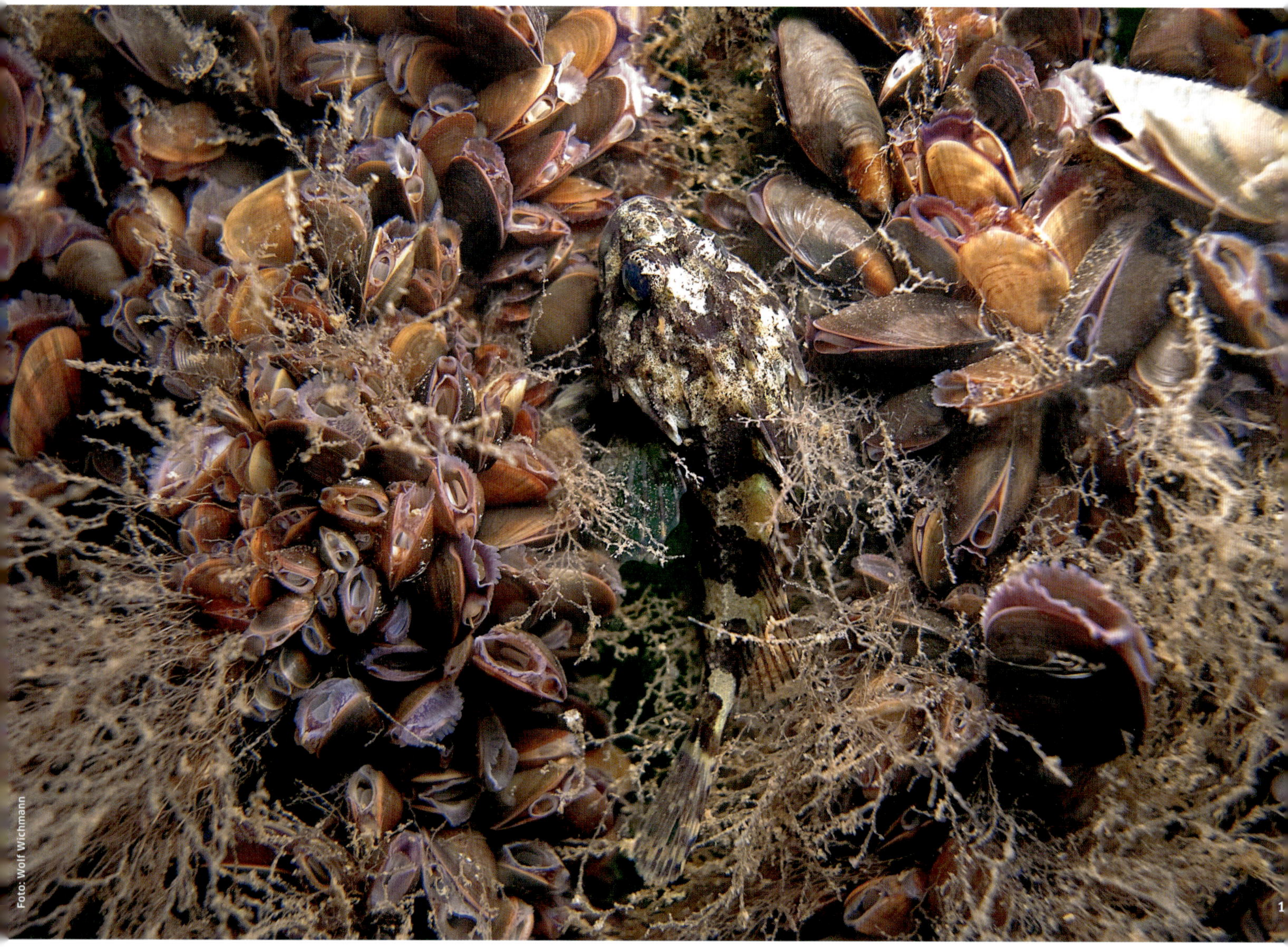
Foto: Wolf Wichmann

1

Foto: Dietmar Reimer

2

Foto: Dietmar Reimer

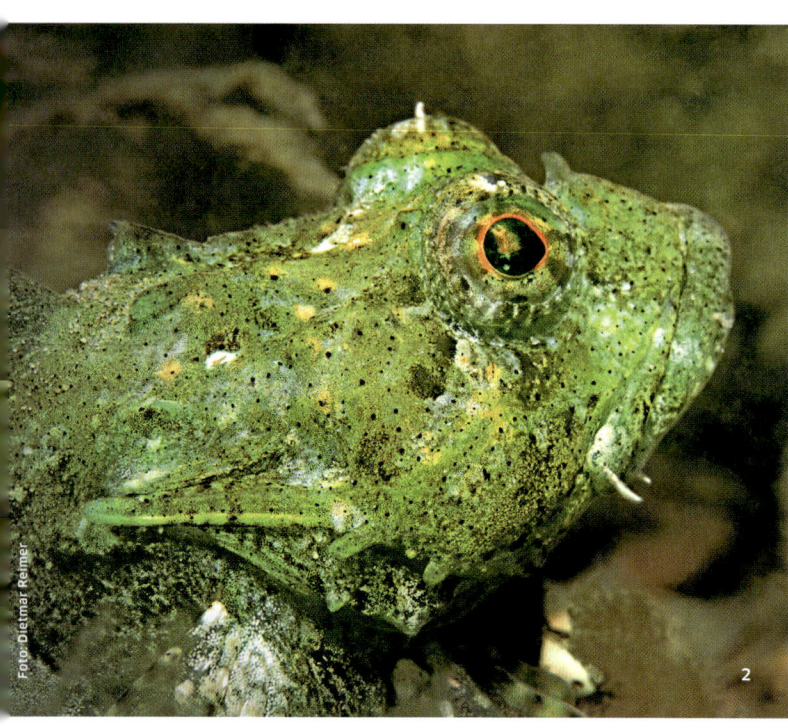

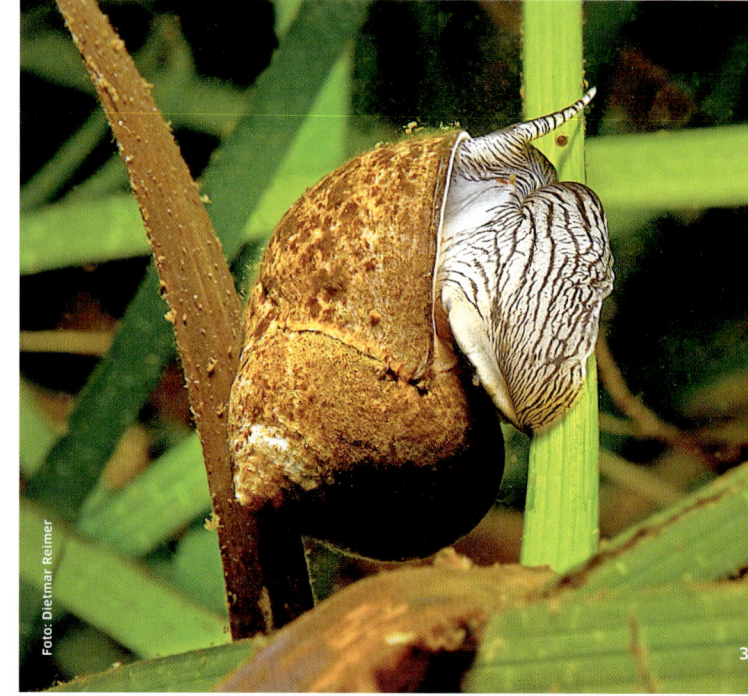

3

es wesentlich mehr davon als an der 1.500 Kilometer entfernten Küste Finnlands. Weil Salzwasser schwerer ist als Süßwasser, nimmt die Salzkonzentration außerdem mit der Wassertiefe zu. Diese Schichtung quirlt der Wind immer wieder durcheinander. Und gelegentlich pumpt er auch frisches Wasser durch das Nadelöhr zwischen Öresund und den Belten. Die Salzwerte schwanken ständig und sprunghaft.

Das Gleiche gilt für den Sauerstoffgehalt. Er hängt ebenfalls vom Frischwasser und von einer guten Durchmischung ab. Sturm ist daher für die Ostsee unentbehrlich. Sie liebt es geradezu, wenn ein Orkan sie leidenschaftlich peitscht, wenn er sie in Wallung bringt und aufwühlt. Ohne diesen reinigenden Akt würde bald alles Leben in ihr ersticken.

Doch im Vergleich zum Weltmeer halten nur wenige Lebenskünstler diese Beliebigkeit aus. Während in der Nordsee rund 150 Fischarten vorkommen, sind es in der kleinen Nachbarin nur halb so viele.

Besonders üppig geraten die unikaten Kommunen aus Meeres- und Süßwasserorganismen in den flacheren, lichtdurchfluteten Bereichen und auf den Sandbänken vor der Küste. Zwischen Gesteinsblöcken, Blasentang und Seegras versteckt sich gern die Fischbrut. Schnecken weiden die Algen von den Blättern der Unterwasserpflanzen. Winzige Krebse sammeln Plankton. Quallen schweben über dem Grund.

Miese Muschel
mit genialem Patent

Den Boden durchpflügen derweil allerlei Würmer. Borsten und Härchen zieren ihre Flanken. Eine jede Art hat ihre eigene Frisur. Vom Glatzkopf bis zur ausgewachsenen Schuhbürste reicht das Spektrum. Auch Sandklaffmuscheln vergraben sich. Vorsichtig strecken sie ihren Saugrüssel hinaus und wecken damit Begehrlichkeiten – zum Beispiel bei Fischen und Seevögeln. Sobald die Schalentiere die Gefahr wittern, holen sie ihren Draht zur Außenwelt blitzschnell ein. Zurück bleibt nur eine Sandwolke und, womöglich, eine düpierte Meeresente. Jedenfalls dieses Mal.

Ohne Anker im Meeresgrund müssen die Miesmuscheln auskommen. Ihnen bietet eine ausgeklügelte Erfindung Halt: Mit einem von ihnen selbst hergestellten Unterwasser-Klebstoff heften sie sich an einen Stein. Oder an ihre Artgenossen. Manchmal tun sich Tausende von ihnen zu riesigen Miesmuschelbänken zusammen und schützen sich so vor dem Abdriften. Wirft sie doch einmal ein Sturm ans Ufer, dann schließen sie ihre Schalen und drosseln den Stoffwechsel. Mit der eigens für solche Notfälle eingelagerten Sauerstoff- und Wasserreserve können sie nun einige Stunden überleben. Immer in der Hoffnung, dass das Meer sie holt, bevor es ein Schnabel tut.

Die rastlose Welt dieses vergleichsweise süßen Meeresbodens ernährt auch zahlreiche Plattfische. So fühlt sich beispielsweise die Flunder durchaus weniger gesalzen wohl. Außerdem verhalf die Evolution dem flachen Wassertier zu einer besonderen Kunst. Während seine Larven die Umwelt noch wie alle Fischkinder betrachten, wandert ein Auge mit der Zeit auf die andere Seite. So kann sich das listige Grätenvieh auf dem Boden nach Beute umtun und gleichzeitig seine Feinde erspähen. Und von beiden gibt es reichlich. Selbst Wale stellen ihnen hier nach. Mit bis zu zwei Metern Länge fallen die heimischen, aber seltenen Schweinswale allerdings etwas handlicher aus als die Giganten der Ozeane.

Auch andere Meeresbewohner geraten in der Ostsee kleiner als üblich. Vor allem wegen des Salzmangels. So bleiben einige Muscheln hinter ihren atlantischen Schwestern zurück und bilden eine dünnere Schale. Bei manchen Arten leidet »lediglich« die Zeugungsfähigkeit. Seesterne zum Beispiel wachsen in der Nordsee auf und schwimmen hin und wieder mit der Strömung bis weit in die Ostsee. Hier lassen sie es sich zwar gut gehen, aber mit dem Nachwuchs will es nicht klappen.

Jene, denen es ungeachtet des faden Milieus an Potenz nicht hapert, vollziehen den Akt der Liebe eher in den seichten Küstengewässern. Und in den besonders flachen, durch Inseln und Halbinseln vom Meer abgeschnürten Buchten der vorpommerschen Küste. Die Einheimischen nennen sie Bodden. Die Biologen schätzen sie als außergewöhnliche Kaltwasser-Lagunen.

1 | Auf der Suche nach Kleingetier und Larven schwebt die Schwarzgrundel (Bildmitte) gut getarnt über den Meeresboden. Die größeren Exemplare knacken sogar junge Muscheln.

2 | Auch diese Grundel isst gern vom Boden. In den Seegraswiesen macht sie sich fast unsichtbar.

3 | Mit ihrer Raspelzunge reinigt die Strandschnecke Pflanzen und Steine. Ihr Gehäuse besitzt einen Deckel, den sie zuklappen kann. So übersteht sie gelegentliche Trockenphasen im Windwatt und wird bis zu zehn Jahre alt.

Damit das Meer sie nicht ausspuckt, ketten sich Miesmuscheln mit weißen Klebefäden an ihre Nachbarinnen. Sie leben vom Plankton aus der Strömung. Jede von ihnen filtert dafür einen Liter Wasser pro Stunde.

Foto: Wolf Wiechmann

Foto: Dietmar Reimer

Foto: Wolf Wiechmann

1 | Die Flunder steckt voller Wunder. Erst lässt sie ein Auge auf die andere Körperseite wandern und dann passt sie auch noch ihre Hautzellen der Untergrundfarbe an.

2 | Seeringelwürmer bestehen aus bis zu 120 Segmenten mit vielen Borsten und je zwei Füßchen. Ihr ausstülpbarer Rüssel ist mit Zähnen bewehrt. Falls ihr Revier mal trockenfällt, graben sie sich ein und warten.

3 | Der Dorsch lebt in natürlichen Riffen, Seegraswiesen und Tangwäldern. Die Perücke aus Muscheln schützt den typischen Bodenfisch vor Robben und Schweinswalen.

Luftkissen sorgen für aufrechten Wuchs

Der Blasentang war einmal eine Allerweltspflanze. In der Ostsee kommt die weitverzweigte Braunalge jedoch immer seltener vor. Ihren aufrechten Wuchs bewerkstelligt sie mit Hilfe von Blasen in den Blättern. Das darin enthaltene Gas stellt sie mittels Photosynthese her. Zu den Untermietern der ledrigen Pflanze zählen Muscheln, Schnecken, Seepocken und Moostierchen.

Foto: Dietmar Reimer

Foto: Dietmar Reimer

1

Foto: Dietmar Reimer

Foto: Dietmar Reimer

3

Foto: Dietmar Reimer

4

Foto: Dietmar Reimer

5

Foto: Dietmar Reimer

1 | Die Felsengarnele sucht im Tangwald sowohl Nahrung als auch Deckung. Nicht nur der Dorsch stellt ihr gerne nach.

2 | Das Seegras ist die einzige Pflanze, die unter Wasser blüht und fruchtet. Sie bildet ausgedehnte Wiesen.

3 | Biologen wurmt es, dass viele Würmer im Nationalpark mit dem bloßen Auge nicht zu bestimmen sind. Auf jeden Fall passt dieser perfekt in einen Vogelschnabel.

4 | Die Schlauch-Seescheiden leben gern in Kolonien auf Muscheln, Steinen und Pflanzen. Jedes Individuum besitzt zwei Schlote – einen zum Ansaugen und einen zum Ausstoßen von Wasser.

5 | Den Seenelken sieht man ihre Fleischeslust nicht an. Am Meeresboden lauern sie mit giftigen Nesselzellen auf vorbeiziehende Beute. Im Nationalpark erreichen die Wegelagerer allerdings kaum Daumengröße.

Strandkrabben leben im Flachwasser und fressen alles, was ihnen zwischen die Scheren kommt: Pflanzen, Nesseltiere, Muscheln, Schnecken, Würmer, Krebse, Fische und Aas. Damit sie selbst nicht in einem Magen landen, haben sich die Krabben einen Panzer zugelegt. Doch der wächst nicht mit und so müssen die Tiere immer wieder aus der Haut fahren und sich verstecken. Damit das besser gelingt, können die Jungtiere ihre Färbung der Umgebung anpassen.

Hier offenbart das Schilf seinen Lebenslauf.
An einem horizontalen, bis zu 20 Meter langen
Halm schickt es alle 20 Zentimeter einen
neuen Spross ins Rennen. Auf diese Weise
erobert eine einzige Pflanze mitunter ein
gewaltiges Territorium.

Am Ufer
der Stille

Die Kaltwasser-Lagunen sind
die Kronjuwelen der Ostsee.
Hierher ziehen sich viele Tiere
zurück. Zur Rast und zur Liebe.

Die Bartmeise baut ihr Nest nur aus Schilfhalmen des Vorjahres. Akkurat polstert sie den tiefen Napf mit weichen Rispen aus. Auch den Ort wählt der scheue Vogel mit Bedacht. Aus Sicherheitsgründen sucht er eine Stelle, wo das Röhricht eine dichte Decke über dem Boden oder dem Wasser bildet.

Die vorpommerschen Bodden sind extrem seltene und stark gefährdete Ökosysteme. Im Windschatten hinter den Halbinseln und Inseln gelegen, werden diese bemerkenswerten Gewässer bei Sturm weit weniger gebeutelt als die Ostsee. Sie dienen zahlreichen auf und im Wasser lebenden Tieren daher als Ruheraum – als Kurort, wenn man so will. Außerdem zeichnen sich die durchschnittlich ein bis zwei Meter tiefen Buchten durch eine hohe biologische Produktivität aus. Träge wogen üppige Seegraswiesen unter der Wasseroberfläche hin und her. Nur getrieben von der Strömung, die ab und zu frisches Wasser in die Bodden spült. Ganz eigene Lebensgemeinschaften besiedeln dieses zurückgezogene, manchmal süße und manchmal salzige Reich.

Am Anfang der Nahrungskette stehen auch hier mikroskopisch kleine Pflanzen und Tiere. Ihre unvorstellbar große Menge macht Heerscharen von Muscheln und Krebsen sowie anderes Kleingetier satt. Im Frühjahr und Sommer schwillt die Zahl der Mikroben gelegentlich so rasch an, dass selbst die fleißigsten Esser mit ihrem Wachstum kaum Schritt halten. Wenn das höhere Licht- und Wärmeangebot den Stoffwechsel der Winzlinge ankurbelt, dann können sich in einem einzigen Liter Wasser zehn Millionen Algen tummeln.

In dieser Fülle müssen auch die zarten Seenadeln nur noch den Schlund öffnen. Regungslos schweben ihre schlanken Leiber senkrecht in der dichten Vegetation und sind von einem Seegrasblatt kaum zu unterscheiden. Weder von uns, noch von ihren Fressfeinden. Die Brutpflege übernehmen übrigens die Männchen. Sie päppeln den Nachwuchs in der eigenen Westentasche auf – wie die mit ihnen verwandten Seepferdchen in den Tropen.

Die Idylle ist nicht zuletzt vielen Ostseefischen eine gute Kinderstube. Allen voran den Heringen. Die meisten, die hier geboren werden, kehren zum Laichen wieder zurück. So reisen jedes Frühjahr riesige Schwärme aus weiten Teilen der Ostsee und sogar aus der Nordsee in die Bodden. Die nährstoffreichen Seegraswiesen und Tangwälder bieten ihrem Nachwuchs einen guten Start ins Leben.

Auch die Hornhechte beteiligen sich an der jährlichen Wanderung und vermehren sich hier. Die pfeilförmigen Schwimmer erreichen Geschwindigkeiten von 60 km/h und schießen sogar über die Wasseroberfläche hinaus. Leider lassen sich die fliegenden Fische der Ostsee nur selten zu einem ihrer Kunststücke hinreißen. Ausgemachte Süßwasserfische wie Hechte und Zander leben und laichen ebenfalls in den Bodden. Die Erbsenmuscheln des Süßwassers existieren hier friedlich neben den Herzmuscheln des Meeres. Strandschnecken und Meerasseln finden ungeachtet der schwankenden Salzanteile ein Auskommen und bereichern selbst den Speiseplan ihrer Fressfeinde.

Schilfwald säumt die Bodden

Eingerahmt werden die Bodden von ausgedehnten Schilfgürteln. Mit stetigem Wispern wogt der Wald aus grünen und goldgelben Halmen hin und her. Auf den ersten Blick macht dieses undurchdringliche Dickicht einen eher eintönigen Eindruck. Dabei besiedeln hochkomplexe Lebensgemeinschaften mit vielen Hundert Tierarten dieses verschwiegene Universum. Vor allem Insekten und deren Larven fühlen sich hier wohl; darunter prachtvolle Schmetterlinge, schillernde Wildbienen, surrende Fliegen und tanzende Mücken.

Und das wissen einheimische wie durchreisende Vögel zu schätzen. So ortet zum Beispiel die Blaumeise tief im Halmdschungel sitzende Leckerbissen. Sumpfohreulen, Bartmeisen, Rohrweihen und Schwäne durchstreifen das Röhricht. Und sogar Fledermäuse. Wenn man auch nicht alle Bewohner sieht – oft hört man sie. So ertönt in mancher Mai-Nacht ein lautes Konzert von Schwirlen und Rohrsängern. Frösche quaken im Chor. Enten und Gänse schnattern dazu, und gelegentlich trällert auch der Sprosser, die Nachtigall Vorpommerns, ein Liedchen.

»Wir brauchen keinen Hurrikan,
wir brauchen keinen Taifun,
denn was er an Schrecken tun kann,
das können wir selber tun.«

Bertolt Brecht (1898–1956) in »Aufstieg und Fall der Stadt Mahagonny« 1930

Foto: Voigt & Kranz
1

Foto: Jürgen Reich

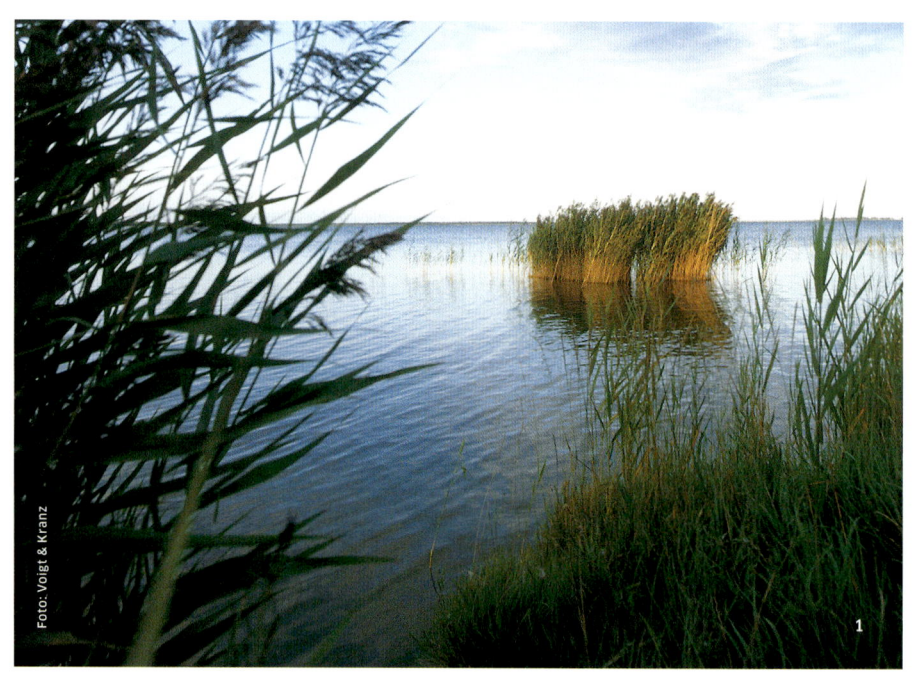

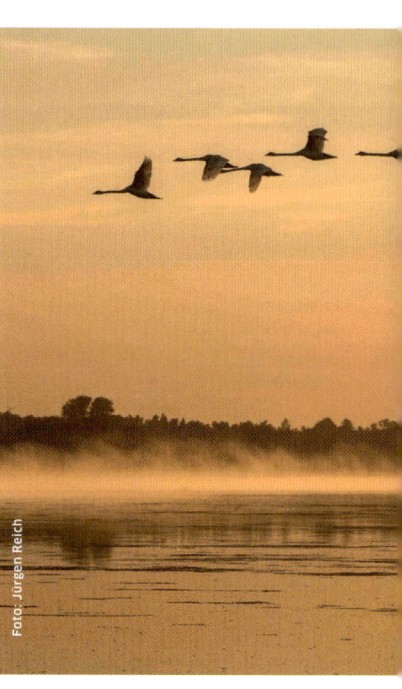

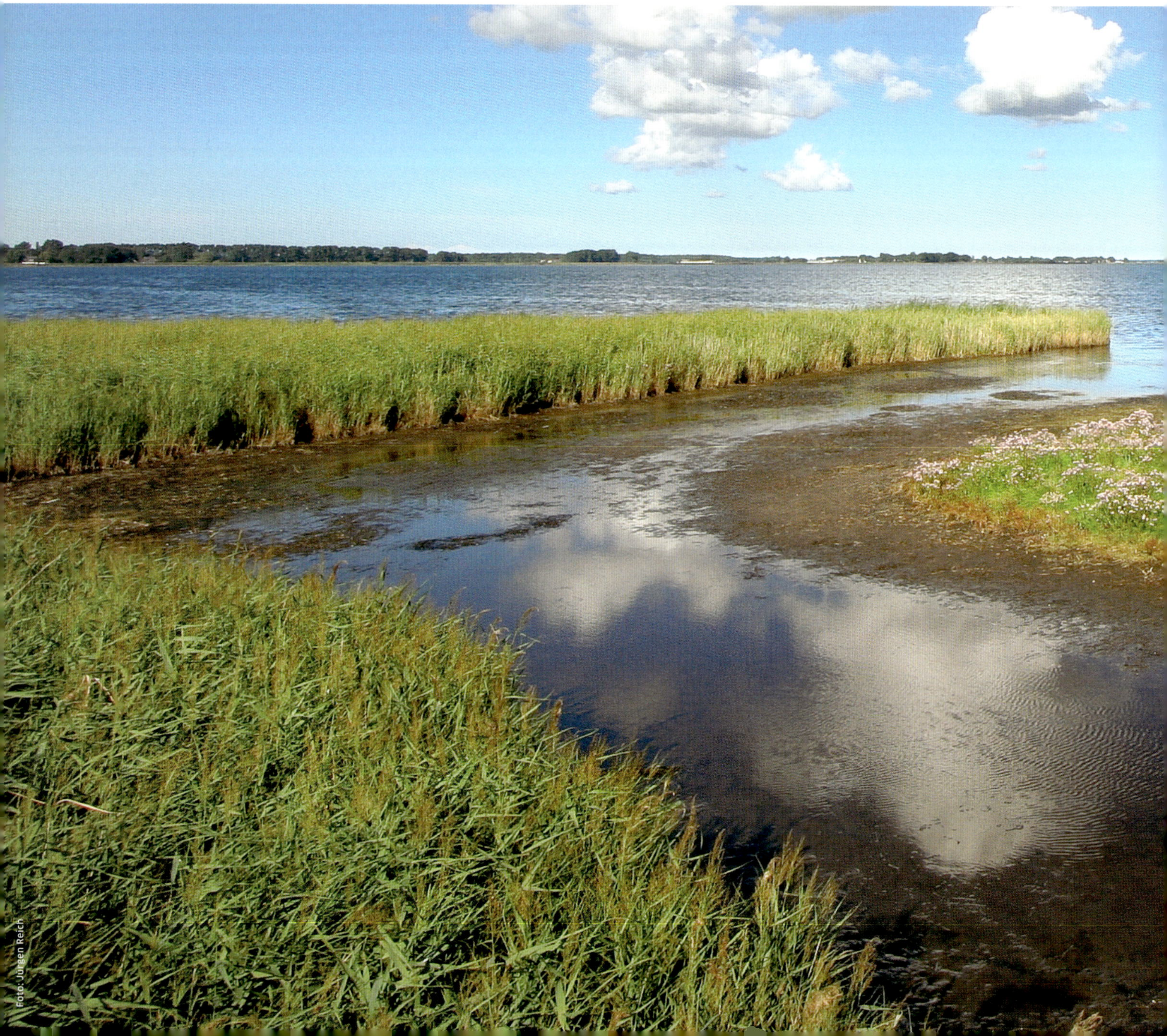
Foto: Jürgen Reich

1 | Wie Bojen markieren Schilfhalme die flachen Stellen im Bodden.

2 | Der frühe Vogel fängt den Wurm. Daran ändert auch der Morgennebel über dem Bodden nichts.

3 | Ein toller Hecht. Regungslos wartet er darauf, dass eine Mahlzeit seinen Weg kreuzt. Sobald sich ein argloses Opfer blicken lässt, schnappt er blitzschnell zu.

Mit zartlila Blüten überschwemmt die Strandaster manche Landzungen. Überschüssiges Salz sammelt sie in alten Blättern, die sie dann abstößt.

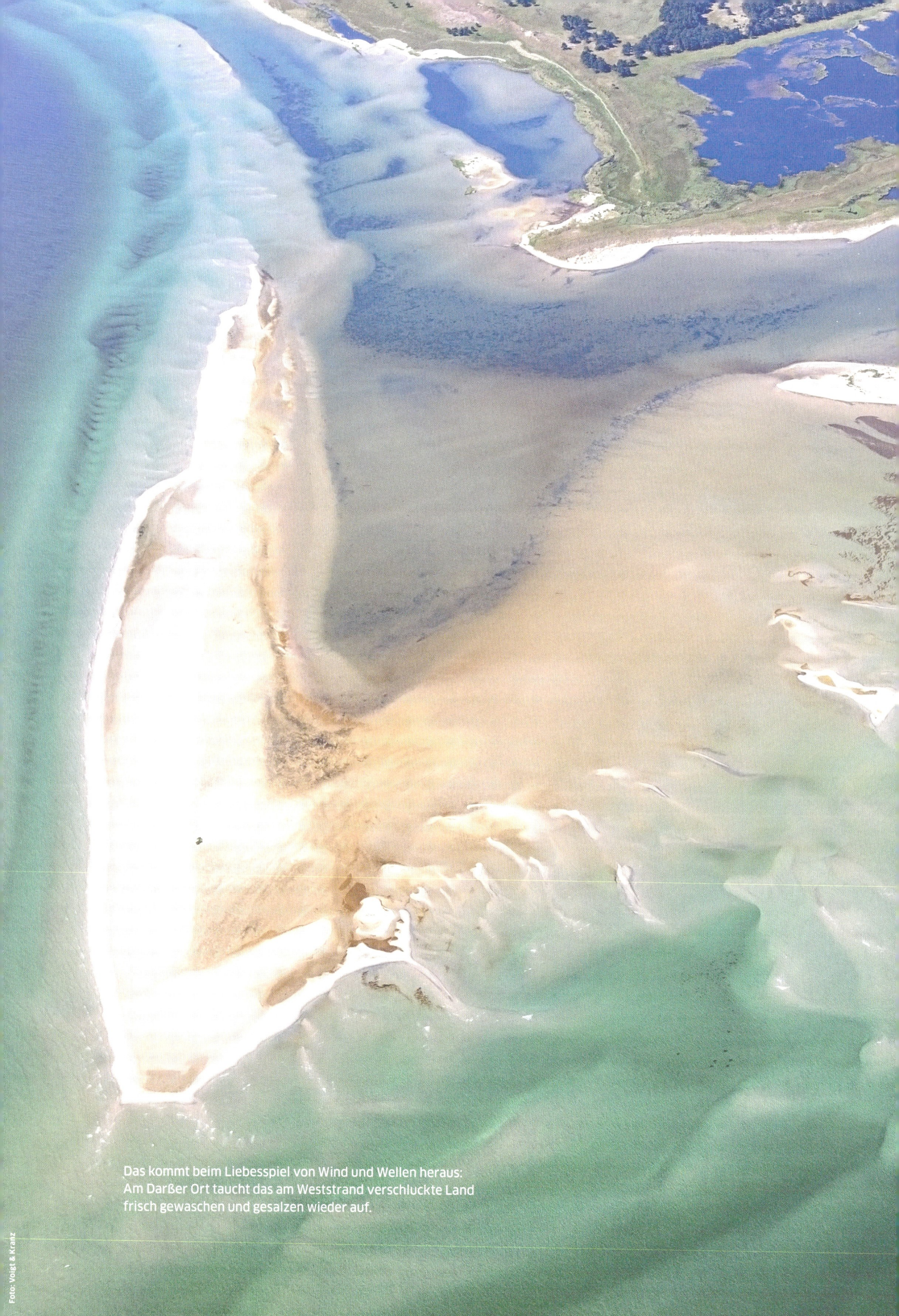

Das kommt beim Liebesspiel von Wind und Wellen heraus:
Am Darßer Ort taucht das am Weststrand verschluckte Land
frisch gewaschen und gesalzen wieder auf.

Alles bleibt anders

Jeden Tag ziehen Wind und Wellen die Küstenlinie neu. Freihändig und ohne Regeln. In diesem amphibischen Niemandsland herrscht ein ständiges Kommen und Gehen.

Im Gegensatz zur glatt geschliffenen Meeresküste sind die Boddenufer von bizarrer Unregelmäßigkeit. In den dichten Rohrplänen lässt sich die Größe der Buchten, Haken und Stromrinnen ohnehin kaum ausmachen. Die Grenzen zwischen Wasser und Land verlaufen buchstäblich im Sand und werden jeden Tag neu gezogen. Zwischen Inseln und Festland gibt es keine Marken von Bestand.

Da sich Ebbe und Flut in Ostsee und Bodden praktisch nicht auswirken, hängen Wasserstand und -austausch nur vom Wetter ab. Anders als an der Nordsee folgen sie hier keinem bestimmten Rhythmus. Nie weiß man, wann die See kommt und wie lange sie bleibt. Allein der Wind bestimmt, was zum Land gehört und was zum Meer. Bei den Sandbänken zwischen Pramort und Hiddensee spricht man deshalb auch von einem Windwatt. Nur bei anhaltendem Südwestwind schaut es wenige Zentimeter aus dem Wasser. Umgeben von einem Meer, das so hauchdünn ist, dass es nicht rauscht. Unüberhörbare Stille liegt dann über dem Areal.

Mal verwandeln sich weite Wasserflächen in trockene Sandplatten, mal schiebt der Wind die Ostsee in die Bodden und lässt einige Uferstreifen tagelang im blauen Einerlei verschwinden. Bisweilen schlummern die flachen Enden der Inseln den ganzen Winter unter dem Meeresspiegel. Wenn das nährstoffreiche Wasser im Frühjahr abfließt, gibt es den Grund vollgetankt zurück. Dann explodiert förmlich binnen weniger Tage das Leben. Über bunten Blumenteppichen tanzen Myriaden von Insekten. Wie im Schlaraffenland fliegen sie Lurchen und Vögeln direkt in den Magen. Andere schöpfen im Seichten aus dem Vollen. Auf dem Silbertablett präsentiert die Boddenlandschaft ihren schwimmenden und fliegenden Stammkunden Plankton und Kleinkrebse, Insektenlarven und Fischbrut. Auf feinem Sand kredenzt sie Muscheln, Schnecken und Würmer. Quallen serviert sie in einem Mantel aus vitaminhaltigem Seetang. In diesem geruchsintensiven Menü findet alles, was da kreucht und fleucht, einen Leckerbissen.

Der außerordentliche Strukturreichtum ist das Besondere und Kostbare an der weiträumigen Küstenlandschaft des Nationalparks. Sie bietet ihren Gästen eine große Palette von Lebensräumen – und zwar bei jedem Wind und jedem Wasserstand. Immer finden sich offene Sandflächen und geschützte Schilfgürtel, Spülsäume und Dünen, Wiesen und Tümpel.

Für die ständigen Wattbewohner bringt der stete Wandel jedoch extreme Bedingungen mit sich. So müssen zum Beispiel die im Sand lebenden Würmer wochenlange Trockenheit und gleißende Sonne überstehen. Genauso wie langwierige Überschwemmungen, dickes Eis und starken Seegang.

Irgendwo zwischen hin und weg.
Die stete aber unregelmäßige
Wanderung des Wassers bringt
eine Vielzahl von Lebensräumen
hervor. Im Windwatt vor der Insel
Bock warten Sandklaffmuscheln
sehnsüchtig auf die Rückkehr
der See. Kaum zu glauben, dass
einige von ihnen 20 Jahre lang in
dieser Parallelwelt überdauern.

Seltene Zwischenwelt ohne feste Grenzen

Auch die Pflanzen, die in solch irregulären Gefilden ihr Heil suchen, die das ständige Wechselbad mit schwankendem Salzgehalt und Wasserstand billigend in Kauf nehmen, die sich auf dem Schlachtfeld der Elemente niederlassen – sie müssen angepasste Spezialisten sein. Zu den Hartgesottenen, die ihr Glück in dieser winzig kleinen Nische der Natur suchen, gehören das robuste Andelgras, die farbenprächtige Strandaster und der urige Dreizack. Sie finden sich mit anderen Grenzgängern zu Salzwiesen zusammen. Selbst der wilde Vorfahre unseres Küchenselleries wächst hier. Der Fruchtstand des Erdbeerklees sieht zwar ebenfalls zum Reinbeißen aus, entpuppt sich aber keineswegs als Gaumenfreude.

Wo dem gelegentlich ausufernden Wasser nicht Deiche den Weg versperren, entstehen aus den abgestorbenen Pflanzen der Salzwiese einzigartige Salz- und Überflutungsmoore. Weil sich die große Aufwuchsmenge unter den feuchten und sauerstoffarmen Bodenbedingungen nicht zersetzen kann, bildet sich Torf. Jedes Jahr ein paar Millimeter. Zum Teil ragen die schwammigen Polster weit aus den Bodden heraus. Bei Überspülung saugen sie das nährstoffreiche Wasser gierig auf und lagern es ein. Noch Wochen später lassen sie damit die Pflanzen auf ihrem Kopf sprießen.

Die periodische Überflutung der Salzwiesen und -moore, der Brackwasser-Röhrichte und Wattflächen fungiert als wichtige Kläranlage der Bodden und zugleich als segensreiche Düngerpumpe für Flora und Fauna.

Selten nur dulden wir solche amphibischen Übergangszonen. Eher ziehen wir scharfe Grenzen, bauen Deiche, Gräben und Schleusen, betonieren Ufer und brechen die Wellen. Überall setzen wir unsere Ordnung durch. Reich strukturierte Feuchtgebiete mit einer hohen Durchdringung von Wasser und Land sind daher äußerst rar geworden.

Der Nationalpark schützt – neben den repräsentativen Ausschnitten sämtlicher Küsten- und Flachwasser-Ökosysteme der Ostsee – die amphibischen Bezirke besonders streng. Er bewahrt mit ihnen wichtige Reproduktions- und Ruheräume für die dezimierten und gefährdeten Fischbestände dieses weltweit einzigartigen Brackwassermeeres.

»Alles, was gegen die Natur ist,
hat auf Dauer keinen Bestand.«

Charles Darwin (1809-1882)

Der Seeadler mag am liebsten Aas. Stundenlang sucht er die Strände nach toten Fischen ab. Im Windwatt sieht man manchmal ein Dutzend Adler kreisen. Aber auch einen Feldhasen verschmäht er nicht. Bei so großen Portionen kommen vermutlich auch die Elstern noch auf ihre Kosten.

Schöner fliegen

Für den Vogelzug ist der Nationalpark eine sichere Bank. Das Luftkreuz des Nordens bewirtet Gäste aus allen Regionen des kalten Europas auf das Angenehmste.

Die vom Wasser durchdrungenen Areale der Bodden-landschaft sind zumeist äußerst abgeschieden und nährstoffreich. Vor allem diese beiden Eigenschaften machen das einzigartige Meer-Land zu einem Vogelpara-dies. Zu den ständigen Bewohnern zählen die schwarzen Kormorane. Wie Vogelscheuchen hocken die exzellenten Taucher nach ihren Fischzügen auf Reusenpfählen, Sand-bänken und Bäumen. Müde und satt hängen sie ihre talg-losen Flügel zum Trocknen in den Wind.

Nebenan mühen sich die Alpenstrandläufer um ihre Thronfolge. Flink und aufmerksam durchstöbern sie die Übergangszonen zwischen Wasser und Land nach Wür-mern und Insekten – immer in Bewegung, immer auf dem Sprung. Den possierlichen Vögeln sieht man kaum an, dass sie jährlich Tausende Kilometer zurücklegen. In der Tundra Nordeuropas und Sibiriens beheimatet, finden sie in der Boddenlandschaft für einige Monate ein zweites Zuhause. Schließlich sieht die Region den seenreichen und baumfreien Weiten des Nordostens zum Verwech-seln ähnlich. Erst recht aus der Vogelperspektive.

Haarig geht es bisweilen bei den Möwen zu. In großen Cliquen bevölkern sie nicht nur den Nationalpark. Mit ihren markigen Schreien verschaffen sich die streitsüchtigen Vögel überall an der Küste Gehör. Zur Brut ziehen sie sich jedoch gern an die geschützten vorpommerschen Ufer zurück.

Diensteifrige Steinwälzer und Sanderlinge laufen an menschenleeren Stränden auf und ab. Graugänse wech-seln hier ihr Gefieder. Sandregenpfeifer legen ihre Eier zwischen die Steine in den Sand. Am Strandsee nisten Mittelsäger. Zwergseeschwalben üben sich im Tiefflug. Kolkraben marodieren in kleinen Banden durch das Gebiet. Blesshühner, Austernfischer, Säbelschnäbler und Knutts suchen aufgekratzt nach einem guten Bissen oder einem stillen Winkel. Neben Dutzenden Bussarden, Milanen und Falken nisten im Nationalpark zudem zwölf Seeadlerpaare. Insgesamt leben etwa einhundert Vogel-arten ständig in dem windigen Eck, vor allem Wasser- und Watvögel. Viele weitere kommen jedes Jahr hierher, um sich in aller Ruhe der Fortpflanzung zu widmen. Darunter zahlreiche vom Aussterben bedrohte Arten.

In den kalten Monaten pilgern riesige Vogelschwärme aus ganz Nordeuropa in die weniger frostige Bodden-landschaft. Für die Wasservögel ist sie im gesamten Ostseeraum das wichtigste Überwinterungsgebiet.

»Sehen Sie sich um
In dieser herrlichen Natur! Auf Freiheit
Ist sie gegründet – und wie reich ist sie
Durch Freiheit!«

Friedrich Schiller (1759–1805) in »Don Carlos« 1787/88

Am meisten Betrieb auf und am Wasser herrscht jedoch im Herbst. Dann erreichen täglich Zehntausende Zugvögel aus Skandinavien, Sibirien, dem Baltikum und Polen freudig erregt das sonst so stille Revier. In großen Pulks treffen Grau-, Bless-, Saat-, Kanada- und Weiß-wangengänse ein. Laut schwatzend landen Stock-, Reiher-, Krick- und Pfeifenten. Schwäne, Schwalben, Goldregen-pfeifer und Kiebitze versammeln sich. Spätestens im Oktober vereint das Schutzgebiet das gefiederte Who is who Nordeuropas und Sibiriens. Die ebenso munteren wie scheuen Gäste verbringen an der reich gedeckten Küste einen erholsamen All-inclusive-Urlaub, um sich auf ihre beschwerliche Tour gen Süden vorzubereiten. Hier fressen sie sich die Fettreserven an, die sie als Treibstoff für ihren Langstreckenflug brauchen.

Wenn das Heer der quietschvergnügten Globetrotter aufbricht, macht sich unter den Menschen der Region Wehmut breit. Denn sobald das großartige Konzert in der Ferne verstummt, senkt sich grau und kalt der Winter über die Boddenlandschaft. Umso mehr begrüßen sie die sangesfreudige Schar bei ihrer Rückkehr. Schließlich brin-gen sie die Sonne zurück und rufen das Frühjahr herbei. Nach dem umjubelten Comeback bleiben die Transitrei-senden allerdings wesentlich kürzer in der gut gefüllten Speisekammer. Den längeren Teil der Strecke haben sie nämlich schon hinter und die Brut in ihrer Heimat noch vor sich. Dafür gilt es, rasch ein gutes Plätzchen zu finden.

Für viele Flieger ist das gewaltige Luftkreuz des Nordens die letzte Tankstelle vor der großen Reise. Der europä-ische und transkontinentale Vogelzug wäre ohne diesen Rastplatz, ohne den Trittstein zwischen Sommer- und Winterquartier, nicht denkbar. Der Nationalpark ist einer seiner wichtigsten Dreh- und Angelpunkte. Und einer seiner sichersten.

1 | Die Säbelschnäbler brüten im puren Sand. Dafür kommen fast ausschließlich die stillen Inseln im Nationalpark infrage. Ihre Beute wirbeln sie kunst-voll mit ihrem Säbelschnabel im Flachwasser auf.

2 | Bei den frisch frisierten Turteltäubchen handelt es sich um Bandseeschwalben. Seit einigen Jahren brüten sie mit zwei anderen Pärchen regelmäßig auf einer Nationalpark-Insel. Entdeckt der Vogel bei seiner Patrouille eine Beute, dann klappt er die Flügel an und stürzt fast senkrecht ins Wasser.

3 | Der rote Schnabel ist das Marken-zeichen des Austernfischers – und sein Schweizer Taschenmesser. Mit ihm pult er Kleintiere aus dem Schlick. Mit ihm meißelt er Löcher in Muschelschalen, hebelt sie auf und zerrt das Fleisch heraus. Einige Exemplare bringen es auf über 30 Jahre. Die Inseln Oie und Kirr sind ihre wichtigsten Brutplätze an der deutschen Ostseeküste.

4 | Mit einem Meter Flügelspannweite ist der Große Brachvogel der größte Watvogel. Sein langer Schnabel findet auch in den tieferen Bodenschichten des Windwatts Futter.

5 | Der Flussregenpfeifer ist ein seltener Brutgast im Norden. Seine steinfarbig gesprenkelten Eier legt er in eine Mulde am Strand, die er mit Pflanzen auskleidet.

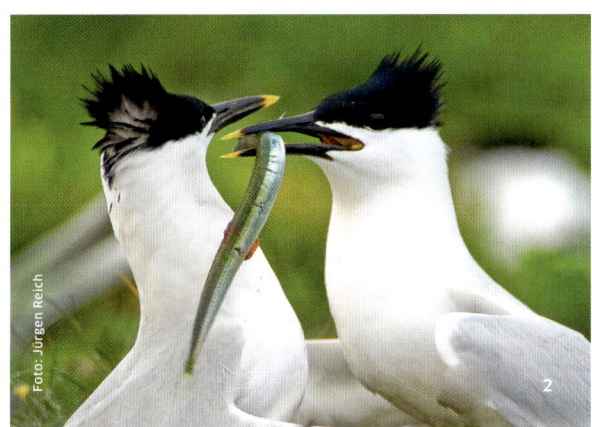

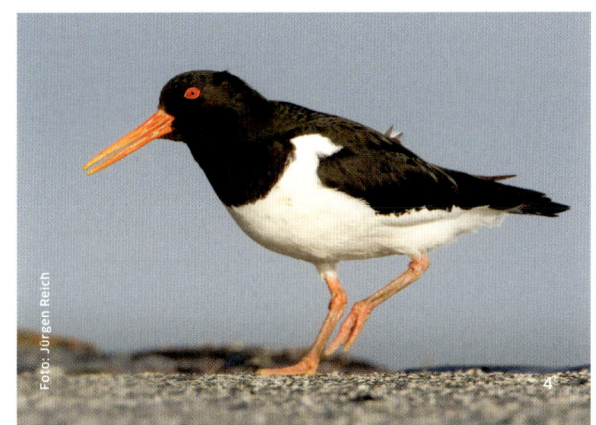

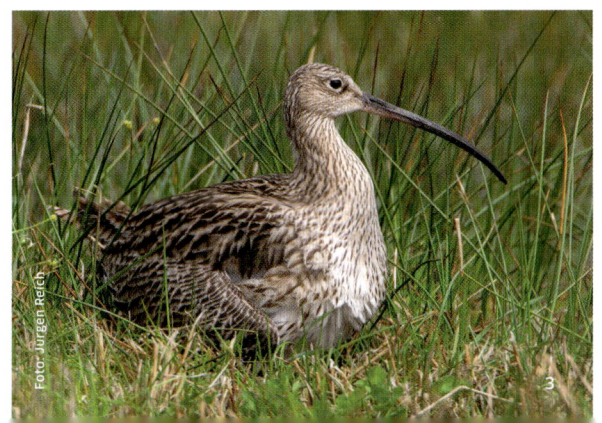

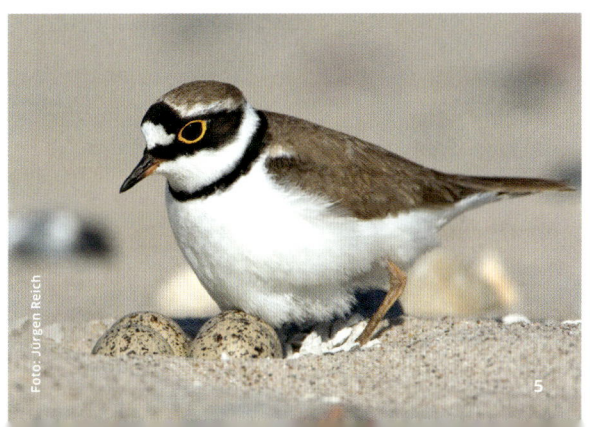

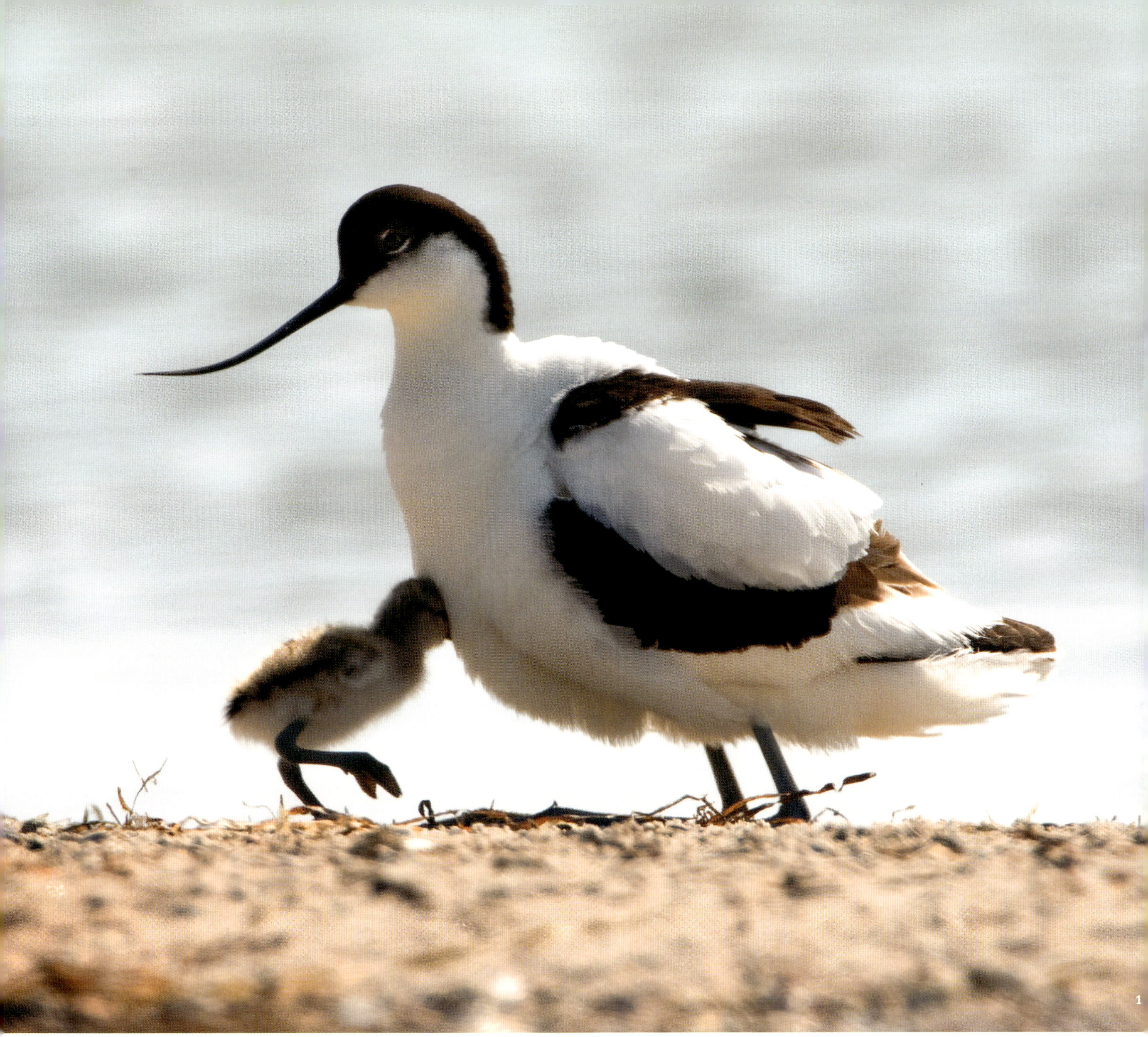
1

Foto: Jürgen Reich
2

Foto: Jürgen Reich
4

Foto: Jürgen Reich
3

Foto: Jürgen Reich
5

Höhenflug
der Stoßtaucher

Die sensiblen Brandseeschwalben schwärmen
für die streng geschützten Inseln und Gewässer
der Boddenlandschaft. In manchen Jahren
finden sich 400 Brutpaare im Nationalpark ein.
Gern tun sie sich dabei mit Lachmöwen zu
einer großen Kolonie zusammen. So gelingt
die Verteidigung gegen Großmöwen besser.
Ihre Beute ergattern die Fischfänger mit
einem Sturzflug ins Meer.

Mit seinen smaragdgrünen Augen sieht
der Kormoran auch unter Wasser gut.
Der Meisterschwimmer bleibt bis zu
90 Sekunden auf Tauchstation und
schafft dabei bis zu 30 Meter Tiefe.

Foto: Jürgen Reich

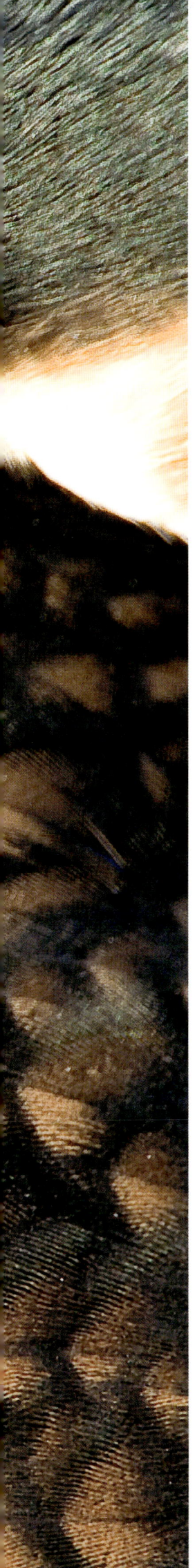

Foto: Jürgen Reich

Foto: Jürgen Reich

Foto: Jürgen Reich

1 | Die beiden Zwergseeschwalben sind einen Tag alt und so groß wie ein Daumenglied. Wenn sie den Kopf einziehen, fallen sie zwischen den Strandsteinen nicht auf.

2 | Mit einer Flügelspannweite bis zu 145 Zentimetern gilt die Raubseeschwalbe unter den Seeschwalben als Riese. Der Zugvogel nutzt den Nationalpark als Raststation zwischen den Brutgebieten an der nördlichen Ostsee und den Überwinterungsgebieten am südlichen Mittelmeer.

3 | Meist brüten Kormorane in Bäumen. Weil sie im Nationalpark niemand stört, machen sie es sich hier jedoch in einem Nest am Boden gemütlich.

Gut gelaunt und fröhlich singend starten die
Kraniche in den Tag und zu den Fressplätzen.

Foto: Jürgen Reich

Mein lieber Herr Gesangsverein

Die Kraniche gehören zweifellos
zu Gottes schönsten Geschöpfen.
Bei ihren jährlichen Meetings
im Nationalpark stehlen sie allen
anderen Kindern des Himmels
die Schau.

Foto: Jürgen Reich

Die Stars legen Wert auf Ruhe und Distanz. Die Nacht verbringen die Kraniche deshalb gern im Windwatt nördlich der Insel Bock. Gut zu erkennen ist der Jungvogel, dessen Zeichnung am Kopf noch nicht so prachtvoll ausgebildet ist.

Seit Jahrhunderten fliegen die Kraniche auf die Boddenlandschaft. Bis zu 80.000 lassen sich auf der herbstlichen Durchreise die regionalen Spezialitäten munden. Nur an wenigen Orten auf dem Kontinent sammeln sich vor dem Aufbruch ins Ferienlager so viele Tiere.

Die ersten sorgen meist Ende August mit lauten Fanfaren für Furore und Aufsehen. Täglich treffen nun weitere Trupps in der Boddenlandschaft ein. Bis Ende Oktober, Anfang November bestimmen sie am Himmel unangefochten das Bild. Dann ziehen die Kraniche über Deutschland und Frankreich nach Spanien und zum Teil sogar bis nach Portugal und Marokko. Sie kehren je nach Großwetterlage im Februar oder März aus dem Süden zurück, und nach ein bis zwei Wochen auch der Boddenlandschaft den Rücken. Nur die Junggesellen haben es weniger eilig, weil sie nicht brüten müssen.

Den Tag verbringen die dankbaren Stammgäste auf den abgeernteten und übersichtlichen Feldern der südlichen Boddenküste. Hier bunkern sie ihre Wegzehrung. Vor allem Körner, aber auch Insekten sowie den einen oder anderen Wurm. Am liebsten mögen sie Mais. Zur Nachruhe begeben sich die scheuen Winterflüchtlinge in das menschenleere und vor Füchsen sichere Windwatt. Im seichten Wasser und auf baumlosen Inseln schlafen sie dicht gedrängt im Stehen.

Bevor sie zu Bett gehen, revanchieren sie sich an besonders schönen Abenden für unsere Gastfreundschaft mit einer spektakulären Vorstellung. Dann reihen sie sich vor der Glut der untergehenden Sonne zu langen Perlenketten auf. Mit schmetternden Trompetenrufen und eleganten Flügelschlägen schweben sie im weihevoll gedämpften Licht scheinbar direkt aus dem Olymp herab.

»In der ganzen Natur ist kein Lehrplatz, lauter Meisterstücke.«

Johann Peter Hebel (1760–1826)

Zu Hunderten gleiten sie in einer anmutigen Prozession über uns hinweg. Voller Inbrunst und Magie, voller Herzblut und Harmonie intonieren diese wahrhaftigen Weltbürger eine glorreiche Hymne auf die Freiheit, das hohe Lied des Lebens, eine Ode an die Freude. Und wir singen in Gedanken mit: »Freude schöner Götterfunken, Tochter aus Elysium, wir betreten feuertrunken, Himmlische, dein Heiligtum.«

Nie war der Lockruf der Wildnis bezaubernder. Das Drehbuch ist perfekt. Die Kulisse anbetungswürdig. Und die Choreografie hinreißend.

Im Background begleiten zahlreiche Statisten das glanzvolle Ensemble. Vor allem schnatternde Enten und Gänse, die nun ebenfalls eintrudeln und sich das Schlafgemach mit den Stars teilen. An manchen Abenden jubiliert über dem lodernden Wasser ein Gesangsverein mit Zigtausenden vollen Kehlen. Selbst wenn das Licht schon lange aus ist, ebbt das Gemurmel nur langsam ab.

Bereits kurz nach sechs ist die Nachtruhe vorbei. Noch im Dunkeln singt sich der Chor ein. Wenn dann der Morgen verheißungsvoll errötet, schwingen sich die Kraniche jauchzend aus den Federn. Und mit ihnen das ganze Musikkorps. Spätestens um sieben beginnt am Himmel die Rushhour. Leichtfüßig schrauben sich die schlanken Recken in Reih und Glied in die Höhe und schwärmen in alle Richtungen aus. Ihre Fressplätze inspiziert zunächst ein Vorauskommando. In kleiner werdenden Kreisen lassen sich die vorsichtigen Vögel langsam sinken. Mit Argusaugen erkunden sie das Terrain. Einige Meter über dem Boden fahren sie ihre langen Beine aus und stellen ihre Flügel auf. Sanft kommen sie so zum Stehen. Kaum ein anderer Großvogel legt ein derart elegantes Landemanöver aufs Parkett. Das Gleiche gilt für den Start. Mit zwei oder drei Sprüngen und ebenso vielen Flügelschlägen befreien sich die durchtrainierten Sportsfreunde von der Schwerkraft.

Dabei sind die langhalsigen Weltreisenden mit stattlichen 1,30 Meter die größten transkontinentalen Zugvögel. Dank ihrer Flügelspanne von 2,20 Meter geben sie selbstverständlich auch in der Luft eine glänzende Figur ab. Für ihren kräftezehrenden Langstreckenflug legte die Evolution den Gravitationskünstlern offenbar nicht nur einen Pilotenschein in die Wiege, sondern auch einen Kompass, ein Wetterradar und ein Handbuch der Aerodynamik. Die verwegenen Flieger durchpflügen den Himmel in einer optimalen Anordnung. Klug nutzen sie mit ihrer keilförmigen Formation den Windschatten und machen sich Rückenwind und Thermik zu Diensten. Trotz aller Raffinesse und Erfahrung bleibt die Tournee freilich ein über alle Maßen strapaziöses und riskantes Unterfangen. Um ihre Lasten zu verteilen, wechseln sich die Tiere an der Spitze regelmäßig ab. Auf diese Weise fliegt die eingeschworene Gemeinschaft bis zu 65 Kilometer in der Stunde. Tag und Nacht. Manchmal 2.000 Kilometer am Stück. Selbst in 4.000 Meter Höhe wurden sie dabei noch gesehen. Manche Vielflieger können jedes Jahr gut 10.000 Kilometer auf ihrer Miles&More-Karte verbuchen.

Nach ihrem dritten Geburtstag suchen sich die Global Player einen Partner, dem sie fortan nicht mehr von der Seite weichen. Mit ihm teilen sie das Nest und das Firmament. Und sie bebrüten jedes Jahr zusammen ein bis zwei Eier. Meistens bis dass der Tod sie nach durchschnittlich zwölf Jahren und zwei Erdumrundungen scheidet.

Doch damit nicht genug. Deutschlands größte Überflieger sind nicht nur von edlem Gemüt, nicht nur Athleten vor dem Herrn und dank ihrer langen, gewundenen Luftröhre begnadete Sänger. Sie sind nicht nur treu sorgende Eltern, Teamplayer mit Führungsqualität und – wie viele meinen – die schönsten von den schönen Nomaden der Lüfte. Nein, diese Vögel können außerdem auch noch ganz entzückend tanzen. Und zwar nicht nur während der Balz. Häufig sieht man sie ausgelassen hüpfen, mit dem Kopf nicken, den Knien schlackern und den Fittichen rudern. Offenkundig sind die Kraniche also auch lebenslustige Spaßvögel.

Kraniche sorgen
für Gänsehaut

Es verwundert nicht, dass dieser Tausendsassa von vielen Völkern verehrt oder gar vergöttert wird. Zahllose Mythen ranken sich um die verlässlichen Heilsbringer, die tugendhaften, talentierten, starken und sanftmütigen Gefährten. Für Römer und Germanen symbolisierten sie Weisheit, Glück und Treue. In Japan stehen sie für ein langes, erfülltes Leben. Den Indern gelten die himmlischen Geschöpfe als Götter, anderen Kulturen als deren Sendboten. Afrikanische Stämme beschwören ihre Fruchtbarkeit und ahmen in ihren Kulttänzen ihre Bewegungen nach. Abendländische Philosophen priesen die lebenslange monogame Beziehung sowie die elterliche Fürsorge als Vorbild für Familie und Gesellschaft.

Und auch für den Tourismus ist der Kranich ein Glücksfall, ein Zugpferd und ein Goldesel. Er ist der funkelnde Stern der Vor- und Nachsaison und fester Bestandteil des regionalen Veranstaltungskalenders. Mit den Weltenbummlern finden sich alljährlich unzählige Vogelfreunde und Romantiker ein. Scharenweise wallfahren sie in die Boddenlandschaft. Bis an die Zähne mit Feldstechern und Kameras bewaffnet, lauern sie dem Objekt ihrer Begierde auf. Andere warten mit einem Operngläschen im Anschlag und dem Kopf im Nacken andächtig und erwartungsfroh auf den Maestro. Sie alle hoffen auf ein flammendes Open-Air-Spektakel und eine ansehnliche Trophäe für ihr Fotoalbum.

Selten nur enttäuscht der Abgott seine Jünger. Nur mit den Fotos klappt es in der Dämmerung nicht immer. Gemeinsam wartet der Lockvogel schließlich mit seinen Fans auf gutes Flugwetter und kräftigen Aufwind. In manchen Jahren brechen Tausende Tiere gleichzeitig auf und krönen ihr Gastspiel mit einem fulminanten Schlussakkord. Da geraten selbst routinierte Kranichgucker aus der Fassung.

Foto: Dr. Günter Nowald
1

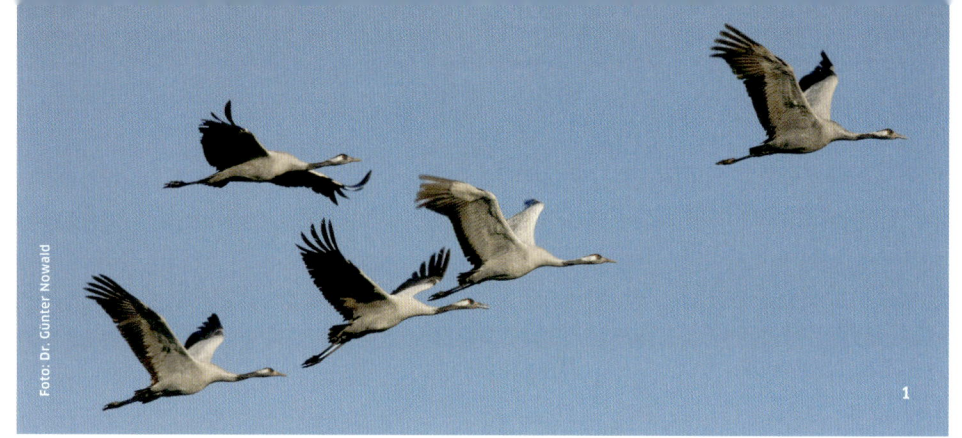

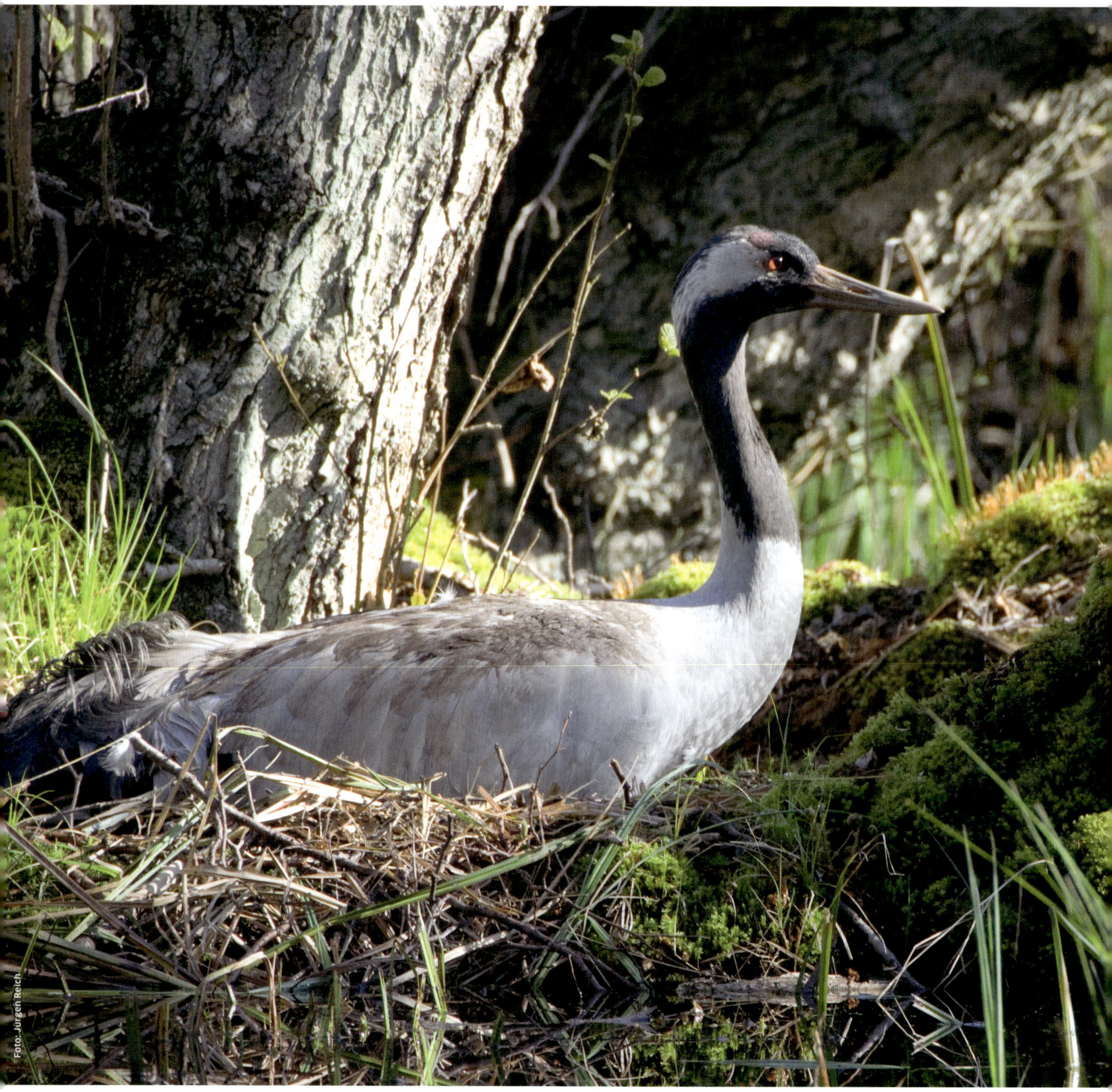
Foto: Jürgen Reich

1 | Bei ihrem Flug bilden Kraniche ebenso elegante wie aerodynamisch optimale Formationen.

2 | Die meisten Kraniche nutzen die Boddenlandschaft als Tankstelle auf ihrer Reise. Doch immer mehr Vögel brüten auch in einem der unzugänglichen Erlenbrüche auf dem Darß.

3 | So sind in der Region hin und wieder auch Kranich-Küken bei ihren ersten Geh- und Flugversuchen zu beobachten.

Foto: Carsten Linde

Gelegentlich setzt die See Himmel und Hölle in Bewegung, um einiger Brocken Sand habhaft zu werden. Sie muss die alten Strände im Westen schröpfen, wenn die neuen Länder im Osten wachsen sollen.

Vom Winde verweht, vom Meer verschluckt

Die Boddenlandschaft ist eine Dauerbaustelle der Natur und eine Hinterlassenschaft der letzten Eiszeit. Gletscher legten den Grundstein für die Inseln.

1 | Der tonhaltige Geschiebe-mergel des Dornbusch macht Wind und Wellen das Leben schwer. Doch irgendwann kriegt die Brandung auch diese Mauer klein.

2 | Immer wieder beißt das Meer ein Stück aus dem Sandkuchen. Tags darauf gibt es die Unschuld vom Lande.

3 | Im Bautagebuch der Ostsee lesen wir, dass sie die Dünen am Weststrand vor einigen tausend Jahren eigenhändig herbeigeschaufelt hat. Nun reißt sie mal wieder ab und der Wald merkt, dass er auf Sand gebaut hat.

Jeden Abend kurz vor acht verkündet das NDR-Nord-magazin das Wetter für Mecklenburg-Vorpommern. Die Prognose zeichnet der TV-Sender am Nachmittag unter freiem Himmel auf Hiddensees höchstem »Gipfel« auf. Während das 18 Kilometer lange Inselchen an vielen Stellen nur eine Handbreit aus der Ostsee lugt, ragt das Steilufer des Dornbusch stattliche 72 Meter empor. Eiszeitliche Gletscher schoben den hohen Rücken von Rügens schmaler Nachbarin einst zusammen. Seit dem Jahr 1888 thront ein schneeweißer Leuchtturm auf dem Massiv, umgeben von Sanddorn, Wildrosen und anderem dornigen Gebüsch. Und auch das Wetter ist hier manchmal ziemlich kratzbürstig. Regelmäßig verzeichnet die meteorologische Station im 22 Meter hohen Turm Sturm-Rekorde. Der Ort gilt als einer der windigsten in ganz Mitteleuropa. Und zugleich als einer der sonnenreichsten. Seine Eignung als Kulisse für das Fernseh-Wetter steht damit außer Frage.

Stürmische Vereinigung mit Folgen

Ungebremst fegen die Böen meist aus Westen über die Ostsee, bevor sie hier auf die Wand aus Sand, Ton und Geröll prallen. Besonders heftig sind sie, wenn sich über Skandinavien hoher Luftdruck aufbaut, der nach Süden hin abfällt. Höher und höher türmt der Wind dann Wol-ken und Wellen auf und jagt sie heulend übers Meer.

An solchen Tagen scheint die See selbst den bleiernen Himmel zu verschlingen. Zornig werfen sich schwere Brecher gegen die Sandmauer. Immer wieder überrollen tiefschwarze Wasserberge den Strand und reißen alles mit sich. Ein ums andere Mal fällt die Urgewalt über das Ufer her. Brüllend, kochend, schäumend. Erst nach Stunden glätten sich die Wogen. Immer noch grollend und von Gischt umweht, zieht sich die aufgewühlte See allmählich zurück. Am nächsten Morgen ist das Meer die Unschuld selbst. Zärtlich streichelt es den feinen Sand und stimmt den Betrachter mit sanfter Dünung arglos. Dabei sind die Spuren des Wutanfalls nicht zu übersehen. Wieder fehlen der Insel ein paar Zentimeter (bis zu 20 sind es pro Jahr am Dornbusch). Wieder häufen sich am Strand Muscheln, Seetang und Quallen zu glibbrigen Hügeln auf.

Wie zerronnen, so gewonnen

Ein paar Meilen weiter widerfährt dem Darßer Weststrand regelmäßig das gleiche Schicksal. Hier, wo der vom Wind zerzauste Wald direkt bis ans Ufer reicht, hat man der See dennoch nie Knüppel in die Brandung gerammt oder ihr Steine in den Weg gelegt. Und so nagt sie nicht nur an der Küste, sondern auch am Wald.

Das Wasser zu seinen Füßen schimmert je nach Tageszeit und Wetter tintenblau oder smaragdgrün. Mal spült es nur eine dünne Schaumlinie auf den Sand und atmet ruhig. Mal gebärdet es sich wild und bricht mit Tosen ans Ufer. Auf dem Rand der ausgefransten Abbruchkante harrt stumm die erste Reihe von Kiefern und Buchen auf das ihr zugedachte Schicksal. Jetzt kommt sie der Logenplatz am Meer teuer zu stehen. Jetzt kostet sie der Seeblick Stumpf und Stiel. Die letzten Stürme haben ihre Wurzeln bereits freigespült und mit Salzwasser betäubt. Blattlos und mit letzter Kraft krallen sich die Todgeweihten im Sand fest. Selbst wenn der nächste Orkan sie zu Fall bringt, leisten sie tapfer Widerstand. Bevor sie für immer in den Fluten versinken, brechen sie oft noch viele Monate die Wellen. Vom Wasser geschält und vom Sand geschliffen liegen die bleichen Gestalten nun kreuz und quer auf dem Strand. Heldenhaft schützen sie das Ufer und ihre Weggefährten vor der brodelnden Brandung. Lange noch sieht man die Ertrinkenden, wie sie ihre Äste zwischen den Wellen-

In der Boddenlandschaft geht mit der Sonne jeden Tag auch ein Stück Wald unter. Doch schon am nächsten Morgen tauchen beide an anderer Stelle wieder auf.

»Daher geht nichts ganz zugrunde, auch wenn es dem Blick so erscheint,
weil die Natur alle Stoffe von neuem verwendet und immer Neues
erschaffen erst kann, nachdem Altes im Tode zerfallen.«

Lucretius (ca. 99–55 v. Chr.) in »Von der Natur der Dinge«

kämmen flehend gen Himmel strecken und scheinbar nach den Vögeln greifen. Es dauert eine halbe Ewigkeit, bis das Meer sie endgültig hinunterschluckt.

Wenn sich die Ostsee an der Wetterseite vom Strand zurückzieht, nimmt sie jedes Mal ein paar Krümel Sand mit. Dennoch betätigt sie sich keineswegs nur als Totengräberin. Im Gegenteil: Täglich gebiert sie an anderer Stelle ein weit größeres Stück Land. Ein neues Stück Deutsch-Land.

Vom schmalen Darßer Weststrand schleppt die See den Sand parallel zum Ufer nach Norden. An der flachen Spitze der Halbinsel, am Darßer Ort, gibt sie das Material – frisch gemahlen und gewaschen – wieder frei. So entstehen Millimeter für Millimeter zunächst ausgedehnte Sandbänke. Sobald sie aus dem Wasser schauen, föhnt der Wind die extrafeinen Steinchen flugs trocken. Manchmal spielt das himmlische Kind mit dem Sand und jagt ihn in langen Fahnen oder kleinen Wölkchen vor sich her. Manchmal ärgert es die Menschen und pustet ihnen wie mit einem Sandstrahlgebläse winzige Partikel ins Gesicht. Am Ende seiner munteren Strandwanderung fegt der Wind jedoch akkurat einige kleine Hügel zusammen, die er gemeinsam mit dem Meer beim nächsten Sturm zu einem Strandwall aufschiebt.

Am Weststrand frisst
die Ostsee ihre Kinder

Auch zwischen Zingst und Hiddensee erblickt auf diese Weise unentwegt neues Land das Licht der Welt. Hier schlummern dicht unter der Wasseroberfläche bereits mehrere enorme Sandplatten, die häufig trocken fallen. Dieses in der gezeitenlosen Ostsee einzigartige Windwatt mit den Inseln Großer Werder, Kleiner Werder und Bock ist ständig in Bewegung. Wie auch die Nordostspitze von Hiddensee. Mit dem am Dornbusch gewonnenen Material strebt das Eiland im Windschatten in beispielloser Geschwindigkeit auf seine große Schwester Rügen zu. In manchen Jahren wächst es 30 Meter.

Das Fundament der Boddenlandschaft schuf die letzte Eiszeit. Wie Planierraupen schoben mächtige Gletscher bis vor 12.000 Jahren Lehm, Mergel, Sand, Kies und Geröll vor sich her und türmten es zu einzelnen Höhenzügen auf. Anschließend schmolzen die Mega-Eiswürfel und ließen den Meeresspiegel bis vor 5.000 Jahren gewaltig ansteigen. Am Ende ragten nur die höchsten Stellen als Inseln aus dem Wasser. Seither gewinnen Wind und Wellen unermüdlich an ihren Wetterseiten den Stoff, aus dem sie hinter der nächsten Biegung eine neue Welt erschaffen. So wuchs z. B. die Halbinselkette Fischland-Darß-Zingst aus mehreren Inselkernen zusammen.

Besonders gut zeichnet sich ein solcher Kern auf dem Darß ab. Mitten im Wald treffen Wanderer an einem Abhang auf eine Tafel mit der Aufschrift »Altes Meeresufer«. Und tatsächlich. Wo heute Buchen rauschen, tummelten sich nach der Eiszeit noch Muscheln und Fische. An das alte, heute noch bis zu acht Meter hohe Kliff baute das Meer in zig Jahrhunderten acht Kilometer Land an. Den Neudarß. Weil sich aber die Meeresströmung änderte, frisst die Ostsee am Darßer Weststrand nun ihre eigenen Kinder. Ebenso am Gellen und am Zingster Nordstrand.

Konstruktion und Destruktion sind hier also untrennbar miteinander verbunden. Immer setzt der grandiose Schöpfungsakt den Untergang an anderer Stelle voraus. Und manchmal holt sich das tobende Meer auch ein Stück Neuland zurück. Dann beginnt alles wieder von vorne. Die Natur ist launisch, aber auch geduldig. So eifrig wie in der Boddenlandschaft baut sie allerdings äußerst selten auf der Welt. Sage und schreibe 3.000 Meter wuchs allein der Darßer Ort in den letzten 300 Jahren.

Nirgends sonst an der Ostsee vollziehen sich Landabtragung und – in noch größerem Maße – Landwerdung in so dramatischer Dynamik und auf so engem Raum wie hier, wo man noch heute eine unbefestigte, sich ständig verändernde Küste und jungfräuliches Land findet. Nirgends sonst liegen Steilufer und Flachküsten, Landzungen und Strandseen, Windwatten und Dünen so dicht beieinander.

Vor allem dieses erdgeschichtlich blutjunge, überaus unternehmungslustige »Nationale Geotop« macht den Nationalpark zu einem Kronjuwel des europäischen Naturerbes. Mit seinen drei Kernzonen hütet er diesen Schatz besonders streng.

Auf dem früheren Zingster Schießplatz gehen nur noch Tiere auf Streife. Vögel suchen nach gestrandeten Insekten und anderen Leckerbissen. Sie lassen ihre Spuren und oft etwas Naturdünger zurück. Unermüdlich bringen Boten auch aus der Luft Lebensmittel und Saatgut in die neue Welt.

Mit Luft und Liebe in die neue Welt

Der Kampf ums Überleben setzt ungeahnte Kreativität frei. Mit überraschenden Koalitionen überwinden Pflanzen und Tiere die anfängliche Not.

1 | Das Wandern ist der Düne Lust. Überschwänglich kosten die dem Meer entronnenen Sandkörner ihre Freiheit aus. Rast- und haltlos genießen sie den neuen Spielraum. Ausgerechnet zarten Gräsern und genügsamen Sträuchern gelingt es, die Widerspenstigen zu zähmen und sesshaft zu machen. Erst dann kann der Wald den Grund beackern.

2 | Der Meerkohl gehört zu den ersten Pflanzen, die den angeschwemmten Sand gleich hinter dem Spülsaum besiedeln und festhalten.

3 | Huflattich kommt ursprünglich an Steilufern und auf Strandwällen vor. Von dort hat er sich in die Kulturlandschaft ausgebreitet.

4 | Das lila blühende Strand-Milchkraut liebt einsame Standabschnitte. Das Nelkengewächs trotzt Sandverwehungen und Meerwasser, praller Sonne und trockenem Wind.

5 | Die Salzmiere wurzelt auf dem Strand, speichert das Wasser in dicken Blättern und lebt von angespülten Mineralstoffen.

6 | Die Stranddistel lebt nur auf frischen Dünen, deren Salz der Regen noch nicht ausgewaschen hat. Ihre Pfahlwurzeln erreichen eine Länge von zwei Metern. Auch das lila-blaue Bergsandknöpfchen geht in die Tiefe.

Nach der Landwerdung lässt die Natur in der Bodden- landschaft mit der eiligen Besiedlung durch Pflanzen und Tiere ein zweites Wunder geschehen. Fürsorglich nehmen sie sich der losen Sandhaufen an und hauchen ihnen Leben ein. In erdgeschichtlichem Rekordtempo stampfen sie einen artenreichen und vitalen Wald aus der Wüste.

In Windeseile und mit den von ihm eingeflogenen Samen erreichen zunächst Queller, Salzmiere, Meersenf und Kalisalzkraut die Baustelle. Diese Aktivisten der ersten Stunden sind äußerst anspruchslos und zäh. Ohne Umschweife schlagen sie ihre Zelte auf und noch vor dem nächsten Tief ihre Wurzeln in den salzigen Grund.

In der zweiten Reihe fassen Strandroggen, Strand- disteln und Silbergras Fuß. Und auch der zähe Strand- hafer. Hat er sich einmal niedergelassen, kann ihn so schnell nichts vertreiben. Selbst wenn ein Sturm drei Meter Sand über ihm auftürmt, lässt er sich nicht unter- kriegen und kämpft sich wieder zum Licht empor.

Bald geht auch die Sandsegge in dem wenig einla- denden Sandmeer vor Anker. Ihre harten Blattbüschel wachsen in Reih und Glied, weil schnurartige Ausläufer sie verbinden. Diesem preußisch-ordentlichen Wesen verdanken die Pflänzchen sowohl ihre hervorragende Bodenhaftung, als auch den Spitznamen: Soldatensegge.

Das Meer nährt den mühsamen Aufschwung der neuen Länder gelegentlich mit etwas Tang und Plank- ton. Sogar die Vögel beteiligen sich am Aufbauwerk. Bei ihren Inspektionsflügen über dem jungfräulichen Areal klinken sie gern etwas Biomasse nebst Saatgut aus. Und mit jedem Windhauch treffen weitere Sämereien und Sporen aus nah und fern ein. So folgen den Gräsern per Luftpost Flechten und Kräuter. Bald grünt auf der ganzen Düne Hoffnungsglück. Meter für Meter erobern die Einwanderer die unwirtliche Gegend und weben eine immer dichtere Pflanzendecke – einen Magerrasen. Er macht aus der Weißdüne eine Graudüne. Und aus den umherziehenden Sandkörnern sesshafte Gesellen.

Aus dem Hinterland rücken allmählich allerlei robuste Zwergsträucher vor. Darunter Besenheide, Krähenbeere und Kriechweide. Sie verwandeln den Küstenstreifen im Spätsommer in ein Farbenmeer. In feuchten Niederungen fällt die Glockenheide mit ihren rosa Blüten auf. Seltene Moose und Flechten breiten sich aus. Grün, grau oder braun leuchtend und beständig nach offenen Bodenstellen Ausschau haltend. Denn anders als ihre Vettern im Wald brauchen sie pralle Sonne. Lang anhaltende Durststrecken überstehen sie, ohne mit der Wimper zu zucken.

Zu den Gründervätern unter den Pflanzen gesellen sich auf den trockenen, warmen Dünenrücken und in den feuchten, kühlen Dünentälern unterdessen Legio- nen von Käfern, Grashüpfern und Spinnen, Geschwader von Fliegen, Mücken und Schmetterlingen sowie Heer- scharen von Raupen, Schnecken und Kröten. Ameisen bauen ihre Burgen. Zum Sonnenbaden und zu den Mahl- zeiten finden sich Schlangen, Eidechsen und Vögel ein. Einige Arten – darunter Feld- und Heidelerchen – brüten in dem überschaubaren Terrain auch.

Als besonders erfinderischer Wegbereiter des Neuen erweist sich der Sanddorn. Für den dornigen Strauch ist der Humusmangel kein Problem. Er kann förmlich von Luft und Liebe leben. Das Holzgewächs mit den vitaminreichen, orangefarbenen Beeren züchtet an seinen Wurzeln nämlich Bakterien, die für ihn Stickstoff aus der Luft gewinnen.

Die kargen Umstände ziehen derart verbandelte Lebenskünstler, die ihren Unterhalt mit einer innova- tiven Lösung und fremder Hilfe bestreiten, geradezu magisch an. Not macht bekanntlich erfinderisch. Und sie bietet Spezialisten eine besondere Chance. Genau deshalb finden vor allem magersüchtige Einsiedler in der ausgemergelten Steppe ihr Paradies. So paradox es klingt: Für viele, an nährstoffarme Verhältnisse ange- passte Arten ist das scheinbar tote Land das gelobte Land. Und die einzig mögliche Existenzgrundlage.

Weil es in unserer überdüngten, satten Welt solche allein für die Natur reservierten Rohböden jedoch nicht wie Sand am Meer gibt, genießen Dünen und Strandwälle unseren besonderen Schutz.

»Liebt die ganze Schöpfung,
alles bis zum kleinsten Staubkorn.
Wenn ihr alles liebt, begreift ihr
das Geheimnis Gottes in den Dingen.«

Fjodor Michailowitsch Dostojewski (1821–1881)

Diese Braundüne auf dem Zingst verfügt bereits über eine geschlossene Vegetationsdecke. Und täglich stricken Kiefer, Krähenbeere, Sand-Segge und viele weitere Pflanzen ein paar Zentimeter an.

Heldenhafte Amme mit eisernem Willen

Die Kiefer geht voran und bereitet der Waldgemeinde den Boden. Unerschrocken nimmt der genügsame Pionierbaum das neue Terrain unter seine Fittiche.

Foto: Annett Storm

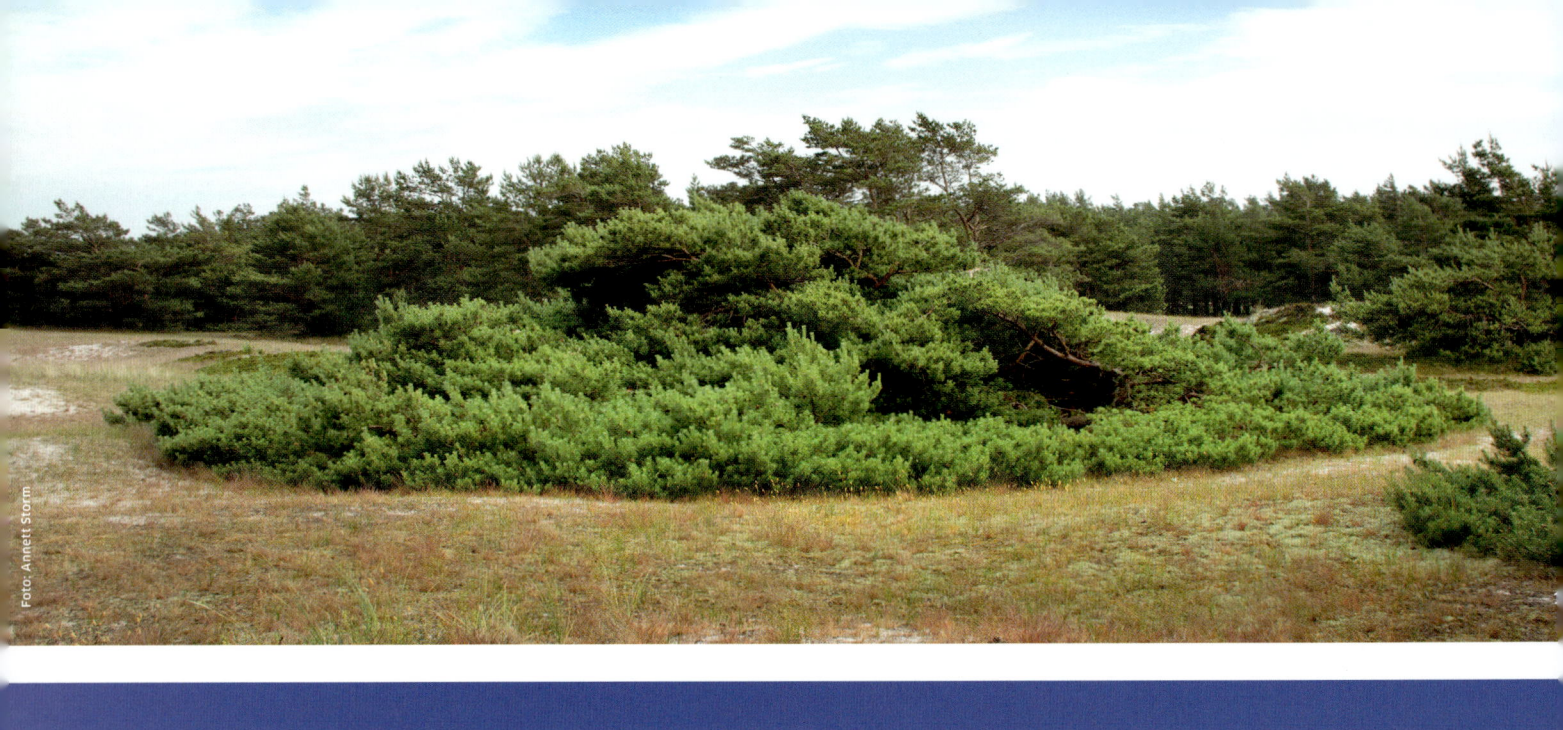

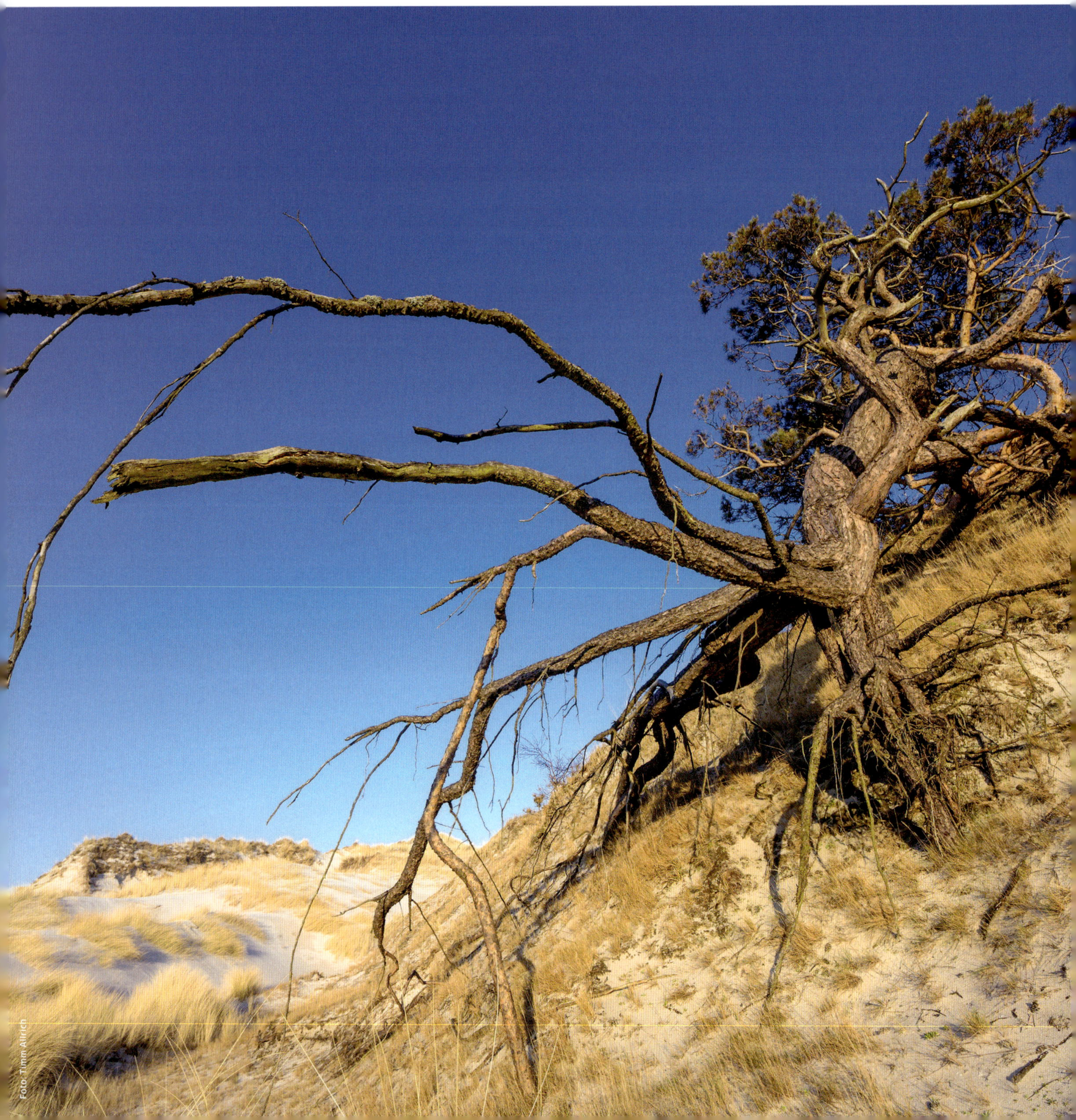
Foto: Timm Allrich

Nach Gräsern und Sträuchern trifft – wiederum auf dem Luftweg – mit der Kiefer die unmittelbare Vorhut des Waldes in der neuen Welt ein. Allein auf weiter Flur fasst sie auf der Düne Fuß. Heroisch verteidigt der heranwachsende Baum seinen schutzlosen Außenposten gegen Stürme und Trockenheit. Geduldig erträgt er die sengende Sonne und den salzigen Odem der Ostsee. Wacker ringt er mit klirrendem Frost und permanentem Nährstoffmangel. Jede andere Art hätte hier längst die Segel gestrichen. Und auch die Kiefern müssen hohe Verluste hinnehmen. Nur die stärksten, die am besten angepassten stehen den entbehrungsreichen Überlebenskampf durch. Die wenigsten allerdings aufrecht. Und so sind es ausgerechnet die kleinwüchsigen und bizarr gewundenen Kiefern, die den Boden für die stolzen Eichen und Buchen bereiten.

In jahrzehntelanger Kleinarbeit knüpfen sie mit tatkräftiger Unterstützung beflissener Mikroorganismen aus ihren eigenen Nadeln einen zentimeterdicken Humusteppich. Sie legen Wasservorräte an, gewähren Moosen und Pilzen Obdach und bieten – im Tausch gegen etwas Naturdünger – zahllosen Tieren Zuflucht. Sie spenden ihnen Schatten und schützen sie vor Regen, Wind und Schnee.

Mit der Vegetation wächst auf dem jungen Areal Schritt für Schritt das Speichervolumen an Nährstoffen und Wasser. Die Kommune, die sich dabei etabliert, gewinnt zusehends an Größe und Betriebsamkeit. Immer neue Arten wandern ein. Mit ihrer Zahl wächst die Arbeitsteilung. Es entsteht ein komplexes Beziehungsgefüge, das in immer kürzerer Zeit immer mehr Biomasse umschlägt.

Neben den Kiefern gehören auch Ebereschen und Wacholder zur Pionierkompanie des Waldes. Für den Einsatz an vorderster Front ist ihnen nicht nur der Dank der Waldgemeinde gewiss, sondern für Jahrzehnte, wenn nicht gar für Jahrhunderte, auch die Poleposition. Die exponierte Lage verschafft ihnen – und ihren Nachkommen – im Kampf um das Sonnenlicht einen wichtigen Vorsprung. Denn sobald das Netz der Außenposten enger und die Versorgung mit Grundnahrungsmitteln besser wird, melden andere ihre Ansprüche an den Besitzungen an. Jetzt, wo die Biologen feststellen, dass Gräser, Sträucher und Bäume die Mondlandschaft in einen gehaltvollen Dünenwald verwandelt haben, jetzt wollen sich auch weniger genügsame Spezies in dem gemachten Nest häuslich einrichten.

Doch wenn Ebereschen, Birken und später auch Eichen und Buchen auf dem mit Proviant eingedeckten Dünenrücken ihre Claims abstecken, dann ist die zweite Kieferngeneration schon aus dem Gröbsten raus. Und eine weitere hat die vorausschauende, etwa 50-jährige Mutter bereits vor geraumer Zeit dem Wind anvertraut. Auf dass er ihre leichtgewichtigen Samen zu neuen Ufern trage. Oder auf den Busen einer jungen Düne.

Bei aller Sorge um den eigenen Nachwuchs – die ebenso pflichtbewussten wie geselligen Kiefern nehmen die ihr von der Waldgemeinde aufgegebene Mission ernst und auch Sprösslinge anderer Baumarten unter ihre Fittiche. Weil sie selbst nicht viel zum Leben brauchen, bleiben für die anderen ausreichend Nahrung, Feuchtigkeit und Licht. Nicht zuletzt dank ihrer raffinierten Strategie, dank ihrer generationsübergreifenden Familienpolitik und ihrer durchaus eigennützigen Nachbarschaftshilfe wächst auf dem Darß seit dem Ende der letzten Eiszeit ganz ohne Menschenhand ein urtümlicher Wald.

Auf gleiche Weise besiedeln die Kiefern und ihre Trittbrettfahrer übrigens auch verlassene und geschundene Truppenübungsplätze oder aufgegebene und ausgelaugte Äcker. In Mitteleuropa setzt sich unter den derzeitigen Klimabedingungen auf fast allen Böden bis zu 1.500 Höhenmetern über mehrere Zwischenstadien letztlich immer ein Wald durch. Ob auf losem Sand oder dicker Krume. Nur Moore, Flussauenbereiche, Steilufer, Felsen und Blockhalden bleiben unter natürlichen Bedingungen waldfrei.

1 | Die Entstehung dieses Waldes auf nackter Düne gleicht einer unbefleckten Empfängnis. Denn hier hat nie ein Mensch Hand angelegt. Diese 100-jährige Kiefer am Darßer Ort zeigt zudem, was ihresgleichen tut, wenn ihr kein Nachbarbaum das Licht streitig macht. Sie geht in die Breite und muss keinen Sturm fürchten.

2 | Mit muskulösen Wurzeln geht die Kiefer in der Wüste vor Anker. Manchmal untergräbt der Wind jedoch ihren Plan und bettet die Düne um.

»Das Netzwerk des Lebens haben wir nicht geflochten. Wir sind nur ein Faden darin. Was wir dem Netz antun, das tun wir uns selber an.«

Noah Seattle, Häuptling der Suquamish und Duwamish (1786?–1866)

In den feuchten Senken auf dem Darß ist selbst der Waldboden flüssig und oft voller Himmelsblau. In diesem lichten Erlenbruch baut sich die Steife Segge kleine Podeste, auf denen sie ihre zartgrünen Halme ins Trockene sprießen lässt. Da sich ihre Samen nur schwimmend verbreiten, ist sie zugleich auf ausreichend Wasser angewiesen.

Grünes Reich der Fantasie

Dieser sagenhafte Urwald entging der Diktatur des rechten Winkels. In dem morastigen Dschungel sind Tiere und Pflanzen, Feen und Kobolde meist unter sich.

1 | Fließend gehen die verschiedensten Lebensräume hier ineinander über und gelegentlich in die Binsen.

2 | Das Wollgras weist oft auf alte Torfschichten hin. Anmutig wiegen sich seine Wattebäuschchen im Wind.

3 | Die Wasserfeder steht auf der Roten Liste und in den Darßer Erlenbrüchen. Die Verwandte der Primeln wurzelt unter Wasser, übersteht aber Trockenphasen genauso wie das Einfrieren.

4 | Einzigartig. Auf dem Neudarß wechseln sich trockene und feuchte Bereiche andauernd ab. Hier steht der Wald auf und zwischen den Dünen, die sich in zwei Jahrtausenden angesammelt haben.

In den tieferen, Wasser führenden Dünentälern und in den kleinen, vom Meer abgeschnürten Lagunen des Nationalparks ermöglicht vor allem wucherndes Rohr den Siegeszug des Waldes. Die Pflanzen gehen nach ihrem Absterben nämlich baden und bilden durch den Sauerstoffabschluss Torf. So füllen sich die Senken Zentimeter für Zentimeter. Am Rand tauchen unterdessen die ersten Erlen auf. Ihr Laub und gelegentliche Sandeinwehungen tun ein Übriges. Aus dem Tümpel wird über kurz oder lang ein Sumpf und alsbald ein Bruchwald. Manche führen das ganze Jahr über Wasser, andere nur nach starkem Regen im Winter und Frühjahr.

Die Pfützen machen den Waldboden in diesen flachen Tälern glatt und blank wie ein Spiegel. In ihm wiegen sich säuselnd die Kronen der schlanken Erlen. Ihr offenes Blätterdach lässt viel Licht hindurch. So flutet oft die Sonne den Wald und taucht ihn in ein merkwürdiges Zwielicht. Im Abendrot leuchtet das Wasser dann wie Bronze. Insekten tanzen auf ihm – bis in ein offenes Maul hinein. Vollendet wird das Bild durch eine Arie, aufgeführt von einem Zaunkönig, einem Rotkehlchen oder einem Waldlaubsänger. An eher düsteren Tagen machen gern die Frösche von sich reden. Im feuchten Orchestergraben bringen die Tenöre dieses Waldes mit vielen Stimmen die Luft zum Vibrieren.

Gelegentlich hört man sogar Kraniche. Einige wenige brüten nämlich in den Brüchen. Auf einer kleinen Insel im Morast errichten sie eine Wasserburg und schützen ihren Nachwuchs so vor Räubern und Störenfrieden.

Manche Erlen stehen kerzengrade auf einem kleinen Stummel, der sie aus dem Moor emporhebt. Andere strecken gleich mehrere Stämme aus dem braunen Wasser. Die schnellwüchsigen, tief im Boden verankerten Bäume umgeben sich gern mit Blumen, Kräutern und Sträuchern. Gilbweiderich und der Bittersüße Nachtschatten liegen ihnen zu Füßen. Wasserschwertlilien umschmeicheln ihre grauen Knöchel. Wilder Hopfen, Efeu und Geißblatt umgarnen sie.

Stirbt eine Erle nach 120 Jahren an Altersschwäche, dann geben ihr Pilze, Flechten und Moose in opulenter Formen- und Farbenfülle das letzte Geleit. Bis sie schließlich umfällt und üppige Vegetation sie in ein Leichentuch hüllt. Eingesponnen ruht sie sanft zwischen mächtigen Sumpfseggen und wilden Johannisbeersträuchern.

Diese dschungelartigen Waldmoore auf dem Darß suchen in Deutschland ihresgleichen. Märchenhaft mutet dieser Urwald an. Und bisweilen auch etwas gruselig. Oft kriecht Nebel durch die feuchten Senken und lässt die Fantasie erblühen. Dann greifen die vielarmigen Baumgestalten wie Kraken um sich. Ihre wulstigen Astlöcher beäugen die Davoneilenden und jagen ihnen Schauer über den Rücken. Und der Vater fragt: »Mein Sohn, was birgst du so bang dein Gesicht? / Siehst Vater, du den Erlkönig nicht? / Den Erlenkönig mit Kron und Schweif? / Mein Sohn, es ist ein Nebelstreif.«

»Kein Wesen kann zu nichts zerfallen!
Das Ew'ge regt sich fort in allen.«

Johann Wolfgang von Goethe (1749–1832)

Foto: Jan Bøgilnski

Schöner sterben. Noch Jahre nach
dem Abgang beeindruckt manche Buche
als Denkmal ihrer selbst. Sie hinterlässt
eine große Lücke im Wald und viele Erben
in exzellenter Startposition.

Alles was entsteht, ist wert, dass es zugrunde geht

Dass Bäume nach einem erfüllten Leben auf natürliche Weise sterben und in Frieden ruhen, das ist weder Sünde noch Schande. Sondern Gottes Wille.

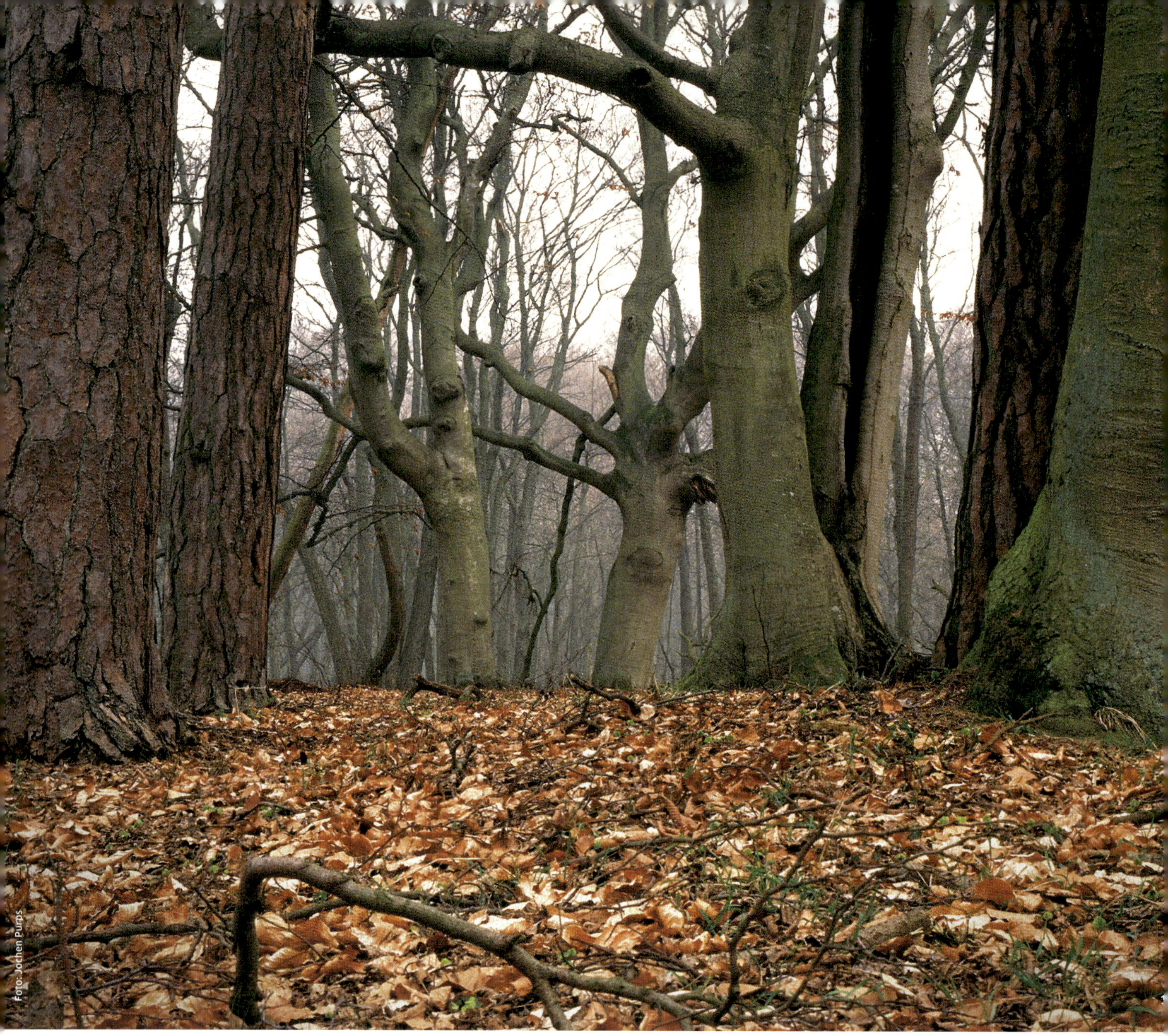
Foto: Jochen Purps

Foto: Jürgen Reich

Foto: Jürgen Reich

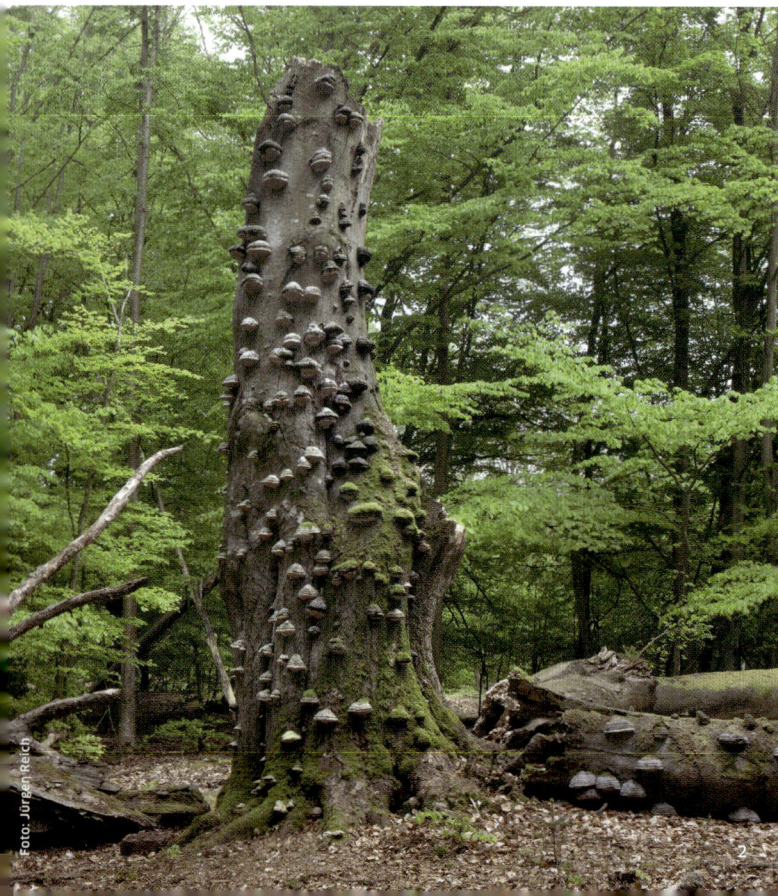

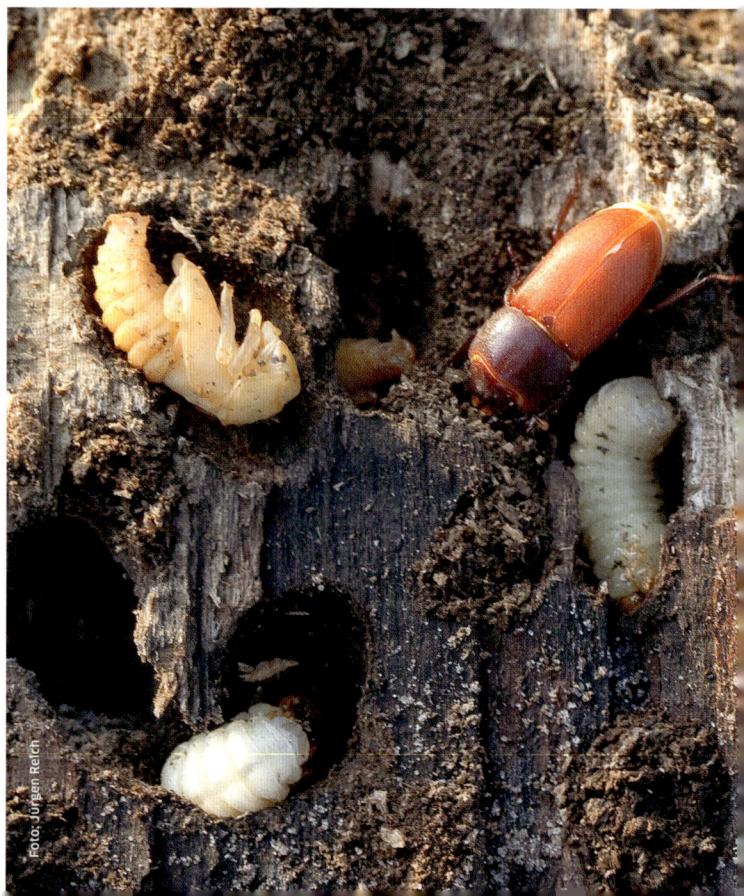

Auf dem trockenen Dünenkamm überragen inzwischen junge, lange Kerls – meist Laubbäume – die letzten Kiefern der ersten Stunde. Manche der ausdrucksstarken Veteranen haben mehr als 200 Jahre auf der runzligen Borke. Nunmehr von ihren eigenen, kraftstrotzenden Zöglingen behütet, staunen sie über die umstehenden Wolkenkratzer. Besonders stolz sind sie auf ihre leiblichen Kinder unter den ebenmäßigen Riesen. Denn mitten im Wald wachsen Kiefern oft mit einem geraden und mächtigen Stamm. Wenn sie einmal das Zeitliche segnen, nehmen meist Buchen ihren Platz ein. Dass diese auf den humushaltigen Böden die besseren Karten haben, das demonstrieren einige ältere Waldbereiche auf dem Darß eindrucksvoll.

Wachablösung nach Plan

Hier teilen die säulengleichen Holzgiganten mit den ausladenden Kronen den Himmel, das Wasser und die Nährstoffe ganz unter sich auf. Nur im Frühjahr gelingt es Veilchen und Buschwindröschen, ausreichend Sonnenstrahlen zu erhaschen. Explosionsartig überschwemmen sie den Boden für mehrere Wochen mit leuchtenden Farben, bevor sich das dichte Blätterdach über ihnen schließt. Alle ernsthaften Rivalen verweisen die Buchen in einem solch hallenartigen Waldstück auf die Reservebank. Aber auch den Pfeilern der grünen Kathedralen ist kein ewiges Leben beschieden. Und so bricht irgendwann Zacken für Zacken aus ihren greisen Kronen, bis sie nach spätestens 300 Jahren Himmel und Erde wieder freigeben.

Doch selbst nach ihrem Dahinscheiden nähren die Hünen als imposante Ruinen oscarreif den Nimbus der Unsterblichkeit. Als kolossales Denkmal ihrer selbst inszenieren sie ihren einst so triumphalen Aufstieg, ihre Überlegenheit und Stärke. Aschfahl und blattlos zwar, aber gleichwohl unbeugsam und majestätisch ragen sie bisweilen noch Jahrzehnte aus dem nun hastig zur Sonne strebenden Umfeld heraus.

Selbstverständlich scheidet niemand mit einem derart erfüllten Leben ohne Testament von dieser Welt. Und so lief die Samenproduktion zuvor noch einmal auf Hochtouren. Eichhörnchen, Eichelhäher und Wildschweine konnten kaum all die Bucheckern fressen, schleppen

und vergraben, die auf sie hernieder regneten. Praktisch per Anhalter gaben die Senioren ihre Gene auf und mit ihnen den erfolgreichen Code ihres Lebens weiter. Gut gerüstet schicken sie die Nächsten ihrer Art in den Kampf um die Neuaufteilung des Himmels.

Damit ihr Vermächtnis auf fruchtbaren Boden fällt, überschütten sie ihn außerdem mit kleinen Ästen, Borkenplatten und Blättern. Aus ihnen entsteht rasch hochprozentiger Kraftstoff, mit dem sich der bisher unterbelichtete Jungwuchs unverzüglich auf den Weg nach oben begeben kann. Es ist die erste Tankfüllung für das harte Rennen um den besten Platz unter der Sonne, die nun bereits durch die schütteren Kronen hindurch den Nachwuchs mit Energie versorgt.

Und noch lange vor dem letzten Atemzug ergreifen mit den Baumpilzen die ersten Untermieter Besitz von dem Sterbenden. Ihm rücken alsbald zahlreiche Baukommandos mit Hammer, Meißel und allerlei anderen Mundwerkzeugen zu Leibe. Käfer bohren sich in ihn hinein. Spechte fräsen ganze Höhlen heraus.

So kehrt in das inzwischen morsche Fragment vor seiner völligen Demontage munteres Leben ein. In dem Mehrfamilienhaus wohnen bald Fledermäuse und Baummarder. Eulen genießen die Aussicht aus einem Astloch. Und auch die Stare, denen man in einem Naturwald keine Kästen zimmern muss, finden eine feine Finka. In eine freigezogene Spechthöhle kehren Hohltauben ein. In der Nachbarschaft kommen Bienen, Käferlarven und unzählige andere Insekten unter. Sie richten Schlafzimmer und Speisekammern ein, gründen Kindergärten und legen Beobachtungsposten an. Auf der sonnigen Seite ruhen sich gern Waldeidechsen und Kreuzottern aus, und auf der schattigen Seite des feuchten Holzes finden Kröten und Moorfrösche ein angenehm kühles Plätzchen.

Die Altbäume halten jedoch noch lange ihre schützende Hand über die Junioren, die zum Teil schon seit Jahrzehnten in ihrem Halbschatten und in den Startlöchern ausharren. Mit großen, herabfallenden Ästen errichten sie einen Verhau um die Sprösslinge. Er bewahrt sie vor Sturm und Schneeschub, aber auch vor zu viel Sonne und vor dem hungrigen Wild. Gleichzeitig speichert das liegende Holz Feuchtigkeit und verhindert die Erosion der kostbaren Humusschicht.

1 | Während die Kiefern auf den jungen Dünen meist flach und breit geraten, wächst die zweite Generation mitten im Wald durchaus kräftig und kerzengerade. Danach übernehmen jedoch Buchen das Zepter.

2 | Die Zunderschwämme an der Buche sehen aus wie Griffe an einer Kletterwand. Die Pilze befallen schwache Bäume, zersetzen das Holz und aktivieren seine Mineralien für die neue Waldgeneration.

3 | Der Balkenschröter schreddert Eichen und Buchen. Der bis zu drei Zentimeter große Käfer gräbt mehrere Tunnel in einen toten Baum und legt dort bis zu 25 Eier ab. Die Larven, die daraus schlüpfen, beißen sich dann zwei bis drei Jahre kreuz und quer durch den Verblichenen.

Das Buffet ist eröffnet. Genüsslich weiden Pilze und Käfer den Dahingeschiedenen aus – selbst wenn er noch steht. Flechten, Spinnen und Asseln beziehen Quartier. In einem einzigen Buchenstamm leben bis zu 500 verschiedene Arten von Gliederfüßern.

Dinner for Everyone

Schließlich aber weicht auch aus dem stärksten Baum die Kraft. Ausgeblutet verliert das Holz seine Elastizität. Auf der Sonnenseite wird es rissig und spröde. Auf der Schattenseite feucht und pappig.

Für viele Geschöpfe ist das Baumwrack ein gefundenes Fressen. Und so beginnt mit dem ersten Ast, der den Boden erreicht, das große Krabbeln. Bataillone von Käfern durchsieben und zerfleischen den Kadaver. Pilze und Bakterien lassen sich die Delikatessen munden. Schnecken, Raupen und Würmer eilen zum Gelage. Manche genießen das Holz pur. Anderen muss man es vorkauen und als Püree servieren. Einige warten darauf, dass man es ihnen mit Eiweiß oder Mineralien anreichert. Oder wenigstens klein raspelt.

Jede Faser des Verblichenen findet einen Liebhaber. Rinde, Kernholz, Wurzeln, Äste, Blätter, Nadeln – für alle Teile gibt es ein spezielles Gewerk. Ob feucht oder trocken, stehend oder liegend, frisch oder modrig – für jede Zerfallsphase ist ein anderes Expertenteam verantwortlich. Für diese Altstoffhändler sind die toten Bäume kein Friedhof, sondern eine Goldmine.

Der Reichtum eines Waldes besteht keineswegs nur aus lebenden Bäumen, aus Festmetern. Nein, sein Schatz liegt auch auf dem Boden. Alles, was da fault und gammelt, ist hochwertige Biomasse und dividendeträchtige Anlage. Und für viele genau der Stoff, aus dem die Träume sind. In einem gesunden Wald lebt die Hälfte aller Arten direkt von diesem Guthaben. Weil niemand das tote Holz wegschafft, haben sie sich darauf verlegt, die gehaltvollen Überreste zu verwerten.

Dabei tun sich die vornehmlich winzigen und unscheinbaren Verweser keineswegs nur gütlich. Jeder dieser Heinzelmänner und -frauen erbringt gegen Kost und Logis eine wichtige und ganz besondere Dienstleistung. Sie zerlegen den Verblichenen fein säuberlich und fachgerecht in seine Bestandteile. Sie recyceln die Biomasse und die eingelagerten Mineralstoffe, ohne dass irgendetwas übrig bleibt. Sie geben das im Laufe eines Baumlebens angesparte Vermögen in den Stoffkreislauf des Ökosystems zurück. Und zwar wohldosiert, sodass kein Regen es wegspülen kann. Die geringe Abbaugeschwindigkeit beschert den Heranwachsenden somit eine lange sprudelnde Nährstoffquelle allererster Güte und mit geringem Verlustrisiko.

Auf diese Weise überbringen die Müllmänner und Trümmerfrauen das kostbare Erbe des Entschlafenen. Auf diese Weise geht das von ihm erwirtschaftete Kapital nicht verloren, sondern an seine Kinder und Enkel über. Die Totengräber des Waldes sind vor allem seine vehementesten Geburtshelfer. Das Sterbebett der Alten – es wird zum Keimbett der Jungen. Und weil ihre Hinterlassenschaft gewissermaßen in ihren Anverwandten aufgeht, machen sich die Bäume letztlich doch unsterblich. Mit der Gewissheit ihrer Auferstehung können sie sich in Frieden betten. Ihr Tod ist kein Ende, sondern ein neuer, vitaler Anfang.

Lange bevor das liegende Holz aufgezehrt ist, geht es auch dem bemoosten Torso an die Wurzel. Pilze und Bakterien, Käfer und Larven untergraben ihn und machen ihn mürbe. Bis er die Contenance verliert. Manche Burschen muss allerdings der Schnee erdrücken oder der Wind splitternd vom Sockel pusten. Hartleibige entreißt der nächste Sturm samt Wurzelteller dem Schoß der Erde.

Nischengesellschaft
auf Wanderschaft

Den dabei entstehenden Krater füllt vorübergehend ein kleiner Tümpel, in dem Gras- und Moorfrösche laichen und später die Kaulquappen um die Wette schwimmen. Wildschweine finden in dem lockeren Boden einen Leckerbissen und beglücken ihrerseits ein Samenkorn mit einer warmen Düngergabe.

In der sonnigen Lücke wuchern – neben halbstarken Buchenschösslingen – bald Weidenröschen, Heidelbeeren, Kräuter und Farne. Gefolgt von Pionierbäumen wie Ebereschen, Birken und Weiden. Auf die hellen, warmen Nischen freuen sich Waldschnepfen, Greifen und Eulen. Und auch Ameisen erbauen an solch strategischen Punkten gern eine Festung. So wird von dem Baum und der Lücke schon bald nichts mehr übrig sein. Dann zieht die Karawane weiter. Zum nächsten Lichtloch im Blätterdach.

»Wüßt ich genau, wie dies Blatt aus seinem Zweige herauskam,
Schwieg ich auf ewige Zeit still: denn ich wüßte genug.«

Hugo von Hofmannsthal (1874-1929)

1 | Der Ästige Stachelbart labt sich vor allem an morschen Buchen. Wie viele andere auf Totholz spezialisierte Arten steht der Pilz auf der Roten Liste, weil wir in unseren Wäldern kaum alte Bäume stehen oder gar liegen lassen.

2 | Die Korallenpilze erinnern in der Tat an ihre karibischen Namensvettern. Sie bilden weitverzweigte Fruchtkörper. Für viele Pilze ist Totholz das Lebensmittel Nr. 1.

3 | Im Gegensatz zu den Verwesern befällt der Hallimasch auch lebende Bäume. Mit seinem Myzel entzieht er ihnen Wasser und Nährstoffe. Und wenn der Riese dann zu Boden geht, verzehrt ihn das scheinbar harmlose Fadenwesen in kleinen Happen und über viele Jahre.

1

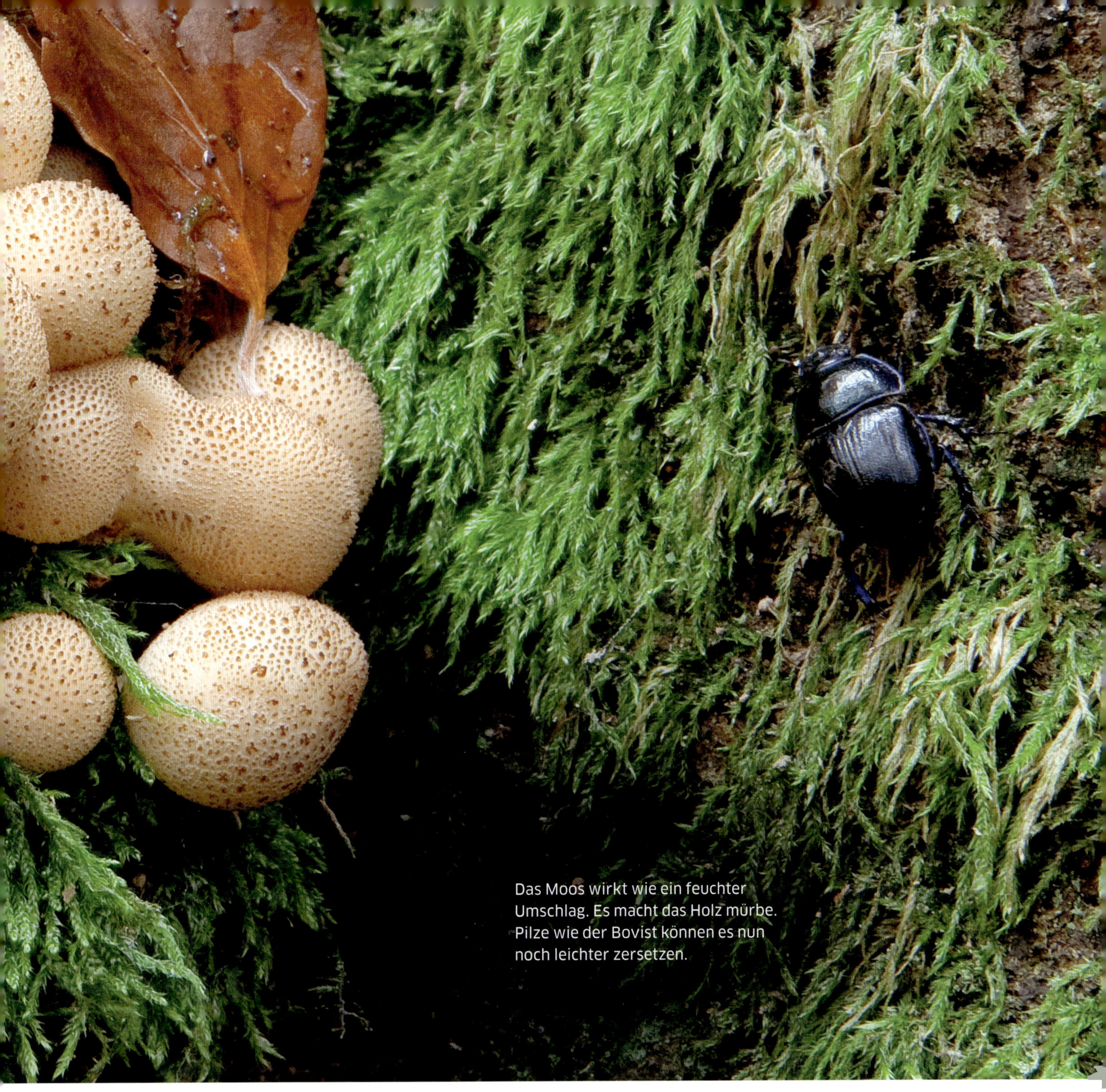

Das Moos wirkt wie ein feuchter Umschlag. Es macht das Holz mürbe. Pilze wie der Bovist können es nun noch leichter zersetzen.

2

3

1

1 | Wieder macht sich ein Stamm-halter auf den Weg zur Sonne. Von seinen Vorfahren mit reichlich Kraftstoff und starken Genen bestens ausgestattet.

2 | Das gelbe Himmelsschlüssel-chen gibt der Buche das letzte Geleit und nutzt das Lichtloch im Blätterdach.

3 | Erde zu Erde, Asche zu Asche, Staub zu Staub. Auch Bäume gehen den Weg alles Irdischen. Als Keimlinge steigen sie jedoch wie Phönix aus der Asche.

Foto: Jürgen Reich

4 | Stunde Null. Der Keimling kriecht aus der Buchecker und dem Boden. Jetzt beginnt das Abenteuer Leben. Es könnte 300 Jahre dauern.

Die ersten Zunderschwämme rückten dieser Buche
zu Leibe, als sie noch aufrecht stand. Nach ihrem Fall
kam die zweite Generation der Holzzersetzer hinzu.
So erklärt sich, warum einige Pilze horizontal und
andere vertikal angeordnet sind.

Foto: Jürgen Reich

Die unendliche Geschichte

Alles hat ein Ende. Nur der Wald hat keins. Er reift, zerfällt und sprießt allzeit aus sich selbst heraus.

In den Naturwäldern Mitteleuropas dominiert groß-flächig die Buche. Nach dem Absterben einzelner Exemplare rücken in ihrem sorgsam bereiteten Keimbett meist sofort wieder junge Buchen nach. Nur sehr feuchte und trockene Gebiete, nährstoffarme Böden, kalte Gebirgsregionen und ähnlich schwieriges Terrain überlässt sie zunächst genügsameren Spezies. Auch bei den seltenen, flächigen Störungen – zum Beispiel nach großen Schneebrüchen und Windwürfen – gehen andere Arten voran und bauen einen geschlossenen Wald auf.

In diesem Pionierwald führen zunächst Stauden, Birken, Espen und Ebereschen das Kommando. Auch die Kiefer kommt mit der freien, sonnigen Fläche besser klar und besiedelt erfolgreich nährstoffarme Plätze. Mit den Eichen entsteht schließlich ein Zwischenwald. Erst danach schwingen wieder die Buchen das Zepter. Bis zu einem solchen Hauptwald kann es einige Hundert Jahre dauern.

Nun befindet sich ein großer Naturwald aber nicht in Gänze in einem einzigen Entwicklungsstadium. Bereits auf relativ engem Raum unterscheiden sich die Geländestruktur, die Zusammensetzung des Bodens, der Wasserhaushalt und das Kleinklima. Von der Anwesenheit ganz bestimmter Tiere und Pflanzen ganz zu schweigen. Deshalb wächst auf jedem Hektar ein etwas anders strukturierter Wald. Jeder Flicken dieses großen Teppichs durchläuft im selben Moment gerade eine andere Entwicklungsphase. In einem ausreichend großen Wald sind alle drei Zyklen vorhanden. Dabei ist jeder von ihnen wiederum mehrfach vertreten. Und zwar in unterschiedlichen Reifegraden. Ständig sind sämtliche Lebensraumtypen anwesend. Und mit ihnen auch die darauf spezialisierten Arten. Die Sonnenhungrigen und die Schattendurstigen, das kriechende und das fliegende Personal, das nagende und das buddelnde, die Dünnbrettbohrer und die Tiefschürfenden, die Leichenfledderer und die Rohstofflieferanten, die Tunnelbauer und die Nesthocker.

Wie Schlachtenbummler ziehen sie, immer wenn ihr Lieblings-Waldbiotop zerfällt, ein paar Meter oder Kilometer weiter. Zu einem Standort, an dem ihre Phase gerade sprießt oder blüht. Sie wechseln zwar hin und wieder ihre Position, bleiben aber stets im Wald präsent.

Das Ganze funktioniert wie ein gigantischer Wanderzirkus. Wie ein Kaleidoskop, das sich unentwegt neu sortiert. In diesem Sinne ist ein Wald nie fertig. Aber auch nie unfertig. So wie der Globus oder die See hat er weder Anfang noch Ende. Es sei denn, er entsteigt gerade dem Meer. Aber einmal in Gang gekommen, reift, zerfällt und sprießt er allzeit aus sich selbst heraus.

Selbst wenn ein großer Sturm in nadelbaumreichen Wäldern gelegentlich weite Flächen niedermäht, so wächst auf ihnen letztlich doch kein gleichförmiger Wald heran. Eben weil bereits winzige Nuancen gewichtige Verschiebungen bewirken. Schließlich bestehen Ökosysteme aus hochkomplexen Beziehungen zwischen zahllosen Arten. Und selbst die Individuen einer Art unterscheiden sich. Hinzu kommen die Wetterlaunen der Natur.

Die Sinfonie des Lebens kennt keine Planquadrate

Wenn etwa eine Nebelkrähe mit ihrer Nachbarin schwatzt und dabei den Wurm vergisst, wenn eine eifrige Ameisenkolonne ihr Soll übererfüllt und ein junger Hirsch die Brunft verschläft, dann reicht das aus, um die Entwicklung an der einen Ecke zu bremsen und an der anderen zu beschleunigen. Ganz wie es der Zufall will. Nie gibt es in diesem Mosaik der Standorte identische Zwillinge. Jeder seiner Bausteine ist ein Mikrokosmos für sich. Und jede dieser winzigen Galaxien ändert sich in jeder Sekunde und in einem ganz eigenen Tempo.

Selbstverständlich gibt es zwischen den benachbarten Lebensräumen keine scharfen Grenzen. Sie fließen vielmehr ineinander, beeinflussen sich gegenseitig, teilen sich die Arbeit und erfüllen verschiedene Funktionen für die Gemeinschaft. Dies führt zu der Erkenntnis, dass ökologische Stabilität nicht auf dem Status quo beruht. Sondern nur auf dem fortwährenden Ablauf aller Phasen in den verschiedensten kleinteiligen, miteinander verzahnten Ökosystemen. Fachleute nennen diesen Prozess Mosaik-Zyklus-Dynamik.

Der Naturwald stellt sich allerdings nur dann in seiner ganzen Vielfalt ein, wenn seine Fläche für alle Phasen, Lebensräume und Arten ausreicht. Auf dem Teppich muss das gesamte Spektrum der typischen Ökosysteme unterkommen. Hier müssen alle Komponenten seines Wirkgefüges Platz finden. Hapert es an wichtigen Requisiten oder sinkt ihre Präsenz unter einen kritischen Wert, so muss diese Gattung erst von weit entfernten Standorten einwandern. Und das kann dauern.

Wichtigster Faktor für die Vitalität eines Waldes ist die ständige Anwesenheit und dadurch die schnelle Verfügbarkeit aller lebensraumtypischen Arten. Jemand, der aus einem großen Repertoire schöpft, kann viel flexibler auf Veränderungen reagieren. Gewinnen wird derjenige, der alle nötigen Bauteile in ausreichender Zahl am Lager hat oder schnell besorgen kann.

Ausgewachsene Buchen legen ihre Kronen wie ein Gewölbe über den Wald und schaffen beeindruckende Kathedralen. Im hohen Alter wird ihr Dach jedoch zunehmend löchriger und der hallenartige Raum immer heller. Darauf musste der Nachwuchs lange warten.

Umbau nach bewährtem Plan

An mehreren Stellen im Nationalpark wurden Schöpfwerke und Entwässerungsgräben zurückgebaut. Das Regenwasser sucht sich nun wieder seinen eigenen Weg. So staut es sich zum Beispiel im Osterwald auf dem Zingst. Die meisten der gepflanzten Baumarten vertragen die Nässe nicht und sterben. Der Wald geht aber keineswegs unter. Er taucht vielmehr in alter Pracht neu auf (siehe Folgeseiten).

Wenn das Wasser Boden gewinnt

Seit sich im ausgewilderten Osterwald wieder
die ursprünglichen Wasserstände einstellen,
setzt die Natur konsequent ihren eigenen Plan
um. Während die Birken gehen müssen, dürfen
sich die Schwertlilien ausbreiten. Peu à peu
gedeiht das alte Regenmoor wieder.

Foto: Timm Allrich

Alles zurück
auf Anfang

Die Dynamik überrascht dann doch. Nur
wenige Jahre nach der Heimkehr des Wassers
in den Osterwald kommen auch die Erlen
nach Hause. Ganz ohne Menschenhand und
Kahlschlag. So wächst nach rund 200-jähriger
Unterbrechung wieder zusammen, was seit
der letzten Eiszeit zusammengehört.

Foto: Jürgen Reich

Foto: Jürgen Reich

Foto: Voigt & Kranz

Foto: Jürgen Reich

Foto: Jürgen Reich

Foto: Annett Storm

1

2

3

4

5

> »Weil der Wald an den Menschen stirbt,
> fliehen die Märchen.«
>
> Günter Grass (1927-2015) in »Die Rättin« 1986

Es ist die Fülle der Optionen, die den Wald elastisch und dadurch »stabil« macht. Sein Reaktionsvermögen und sein Anpassungspotenzial sind die entscheidenden Qualitätskriterien. In einem reichhaltig strukturierten und mit allem Zubehör ausgestatteten Naturwald sind Wetterkapriolen kein Problem, keine Katastrophe. Sie ergeben nur eine andere, aber eben keine kritische Lage. Der Wanderzirkus baut einmal um und spielt unverdrossen weiter. Bei einem Zusammenbruch, zum Beispiel nach einem extremen Sturm, setzt der Wald als erstes seine Moderholz-Profis in Marsch. Also die Hälfte seiner gesamten Mannschaft. Unverzüglich machen sich die Fachleute an die Arbeit, um die Biomasse für die neue Baumgeneration loszueisen. Auch die Samenkuriere stehen Gewehr bei Fuß. Sie haben kurze Wege und viel Fracht, weil in unmittelbarer Nachbarschaft schon andere Eltern darauf warten, ihr Erbgut unter die freigewordene Erde zu bringen. Und dabei schlummert dort bereits ein riesiges Gendepot der Altbäume. Die von ihnen in vielen Jahrzehnten kontinuierlich ausgebrachte Saat geht nun auf.

Seit Ewigkeiten sehen sich die Wälder einer nie abreißenden Kette von Windwurf, Schneebruch, Bränden, Hochwasser und Insektenbefall ausgesetzt. Sie verfügten schon über die Strategie und das Instrumentarium zur prompten Bewältigung derartiger Ausbrüche, als sich unsere Vorfahren hier noch von Ast zu Ast schwangen. Auch Spontanereignisse auf großer Fläche repariert der vitale Wald völlig routiniert – anders als ein struktur- und artenarmer Forst.

In den natürlichen Buchenwäldern Mitteleuropas sind solche Ereignisse äußerst selten. Die Sturmschäden, die wir kennen, finden fast ausnahmslos in labilen Nadelforsten statt. Doch selbst hier kommt der Wald – wenn wir ihm die Zeit geben – wieder von allein auf die Beine.

Inzwischen wissen wir, dass solche eruptiven Umbrüche die Entwicklung eines Naturwaldes gar nicht stören. Sondern fördern! Sie sind längst ein fester und befruchtender Bestandteil seines Wirkgefüges. Der vitale Wald verliert durch einen ruckartigen Wechsel nichts. Nicht seine Biomasse, nicht sein Genpotenzial und auch nicht seine Artenvielfalt. Im Gegenteil: Die gelegentlichen Sprünge gewährleisten durch ihre Strukturveränderungen langfristig die notwendige Formen- und Artenfülle. Sie reißen zum Beispiel die heiß begehrten Lichtlöcher in das sonst so undurchdringliche Walddach.

Gravierende Änderungen fungieren als Motor des latenten Umbaus. So müssen wir einen Orkan, der vornehmlich alte und schwache Bäume umreißt, als reinigendes Gewitter verstehen. Er treibt die Erneuerung überalterter Bestände voran. In diesem Sinne halten die Stürme den Wald nicht nur in Atem, sondern auch auf Trab. Sie sind quasi seine Sparringspartner. Angetrieben durch sie, bleibt er jung und fit.

Das Wechselspiel von allmählichen und abrupten Prozessen ist in der Natur allgegenwärtig. Evolution und Revolution geben sich die Klinke in die Hand. Was wir oft als Desaster empfinden, ist eine Regelerscheinung. Und nur eine Episode in der unendlichen Geschichte, in der die Natur Regie führt. Ob wir es wollen oder nicht. Ob wir es schön finden oder hässlich.

Weil auf dem großen Flickenteppich immer junge, sozusagen frisch getestete Lebensgemeinschaften auftreten, kann der Wald zudem sein Erfolgsrezept und die beste Erbinformation rasch über sein Reich ausbreiten und bereits beim nächsten Sturm unter die Auslaufmodelle mischen.

---

1 | Was macht die Erdkröte als Erstes im Wald? Sie schwimmt. Schließlich kommt sie als Kaulquappe zur Welt. Ohne Wasser kann sie sich nicht vermehren. In einem reich strukturierten Wald ist das aber kein Problem. Irgendwo findet sich immer eine feuchte Mulde, die ein umgekippter Baum hinterlassen hat.

2 | Auf dem Speiseplan der Steinläufer stehen allerlei Insek-

ten, die sie mit Gift lähmen oder sogar töten. Die flinken Jäger gehören zu den Hundertfüßern. Sie brauchen ein feuchtes Milieu und verschlafen den Tag meist unter Laub, zwischen Steinen oder im Moderholz.

3 | Die Wälder des Nationalparks bieten vielen Spezialisten eine Nische. In diese hat ein Zaunkönig sein Nest geklemmt.

4 | Frösche bleiben am Boden. Nur der Laubfrosch nicht. Er steigt bis in die Baumwipfel. Saugnäpfe an den Finger- und Zehenspitzen machen es möglich. Und weil er in unseren Breiten der einzige Klettermaxe unter Seinesgleichen ist, kommt ihm niemand ins Gehege.

5 | Bei der Goldleiste ist nichts aus Gold. Dafür glänzt der Laufkäfer in Violettmetallic. Jedenfalls bringt der kleine Raubritter mit der futuristischen Rüstung allerlei Schnecken und Würmer zur Strecke.

6 | Auch der fast überall intensiv bejagte Fuchs genießt den Schutz des Nationalparks.

Und ewig grüßt der Borkenkäfer. Ob Buchdrucker, Kupferstecher, Waldgärtner oder eine andere der rund 100 Arten in Deutschland. So martialisch wie unter dem Rasterelektronenmikroskop erscheint in Wirklichkeit allerdings keine von ihnen.

Der Herr der Rinde

Von einem, der auszog, das Fürchten zu lehren. Im Auftrag der Evolution sind die Käfer in vielen Arten zwischen Baum und Borke unterwegs, um die Wälder fit zu halten.

Zu denen, die den großflächigen und rabiaten Wandel in den Nadelwäldern meist begleiten, gehören die Borkenkäfer. Ganz zu Unrecht genießen die vielen verschiedenen Unterarten – ganz besonders aber die Buchdrucker – einen schlechten Ruf. Wenn man den Schauermärchen über die unersättliche Zerstörungswut der Winzlinge glauben wollte, dann müssten wir uns ernsthaft fragen, wie es die Wälder in all den Millionen Jahren mit ihnen und ohne uns eigentlich ausgehalten haben. Es bliebe ein ungelöstes Rätsel.

David bringt Goliath zu Fall

In Wirklichkeit wird der Herr der Rinde völlig unbegründet zur Achse des Bösen gerechnet. Kerngesunden und standortgerechten Exemplaren lauert er nämlich sehr selten auf. Saftdruck und Harzfluss würden ihn regelrecht ertränken. Der Teufelskerl weiß das und bohrt deshalb die Kranken, Schwachen und Gestressten an. Erfahrungsgemäß gehören die von uns angepflanzten Monokulturen und insbesondere die standortfremden Arten zu dieser Kategorie. In Deutschlands flachem Norden ist es z.B. für die Fichte viel zu warm und daher stressig.

Hat sich der Käfer einmal in einen Baum verbissen, dann gibt es für den Riesen kein Entrinnen mehr. Binnen weniger Wochen schlüpfen unter der Borke die Larven. Sie zerfressen dort das lebenswichtige Gefäßsystem der Bäume, die bald darauf verhungern. Die Waldgemeinde hat dem kleinen Raffzahn damit eine Funktion übertragen, die weder schädlich noch gefährlich ist. Im Gegenteil: In seiner Wiege liegt der Auftrag, das Siechtum der abgeschriebenen Bäume zu verkürzen. Damit ihr Besitzstand alsbald verflüssigt und als Startkapital für die nachrückende Generation ausgezahlt werden kann.

Sobald die Natur erkennt, dass ein Baum oder ein Waldabschnitt für den Standort oder das aktuelle Klima nicht taugen, erhält der strebsame Bohrer den Auftrag, den Weg für einen Tüchtigeren zu ebnen. Er besitzt also die Lizenz zum Töten. Aber er tut dies nur auf Geheiß und in höherem Interesse. Nie ist er der Richter, in keinem Fall der Auslöser. Er verursacht kein Baumsterben. Er lebt davon. Er ist beileibe kein lustvoller Killer, sondern ein Erfüllungsgehilfe der Evolution und des Zufalls. Beide fällen das Todesurteil, das der Dreikäsehoch lediglich vollstreckt.

Dem Wirken des Borkenkäfers gehen Stürme, Dürren, Alterungsprozesse, Klimaveränderungen oder zum Beispiel eine anhaltende Luftverschmutzung voraus. All diese Faktoren schwächen die Bäume, die der Wald rasch aus dem Verkehr ziehen will. Oft ist die Invasion der Borkenkäfer die radikale Antwort der Natur auf menschliche Sünden. Im konventionellen Forst löst das ein Dilemma aus. Im Wald und in der naturnahen Waldwirtschaft hingegen eine Verjüngungskur. Seine Massenvermehrung signalisiert keinen endgültigen Zusammenbruch. Sie leitet vielmehr die Organisation einer besser angepassten Baumgemeinde ein. Was auf den ersten Blick destruktiv erscheint, wirkt letztlich konstruktiv.

Mister Gnadenlos ist ein unentbehrliches Rad im Getriebe. Mit seiner aktiven Sterbehilfe erhöht er die Umbaugeschwindigkeit des Waldes. Er hält den Stoffkreislauf in Schwung. Er beschleunigt das Auftauen der eingefrorenen Konten. Er trägt in entscheidendem Maße zum Regenerations- und Anpassungsvermögen des Ökosystems bei. Ohne den rechtschaffenen Zwerg würde der Wald im wahrsten Sinne des Wortes alt aussehen.

Und wenn sie
nicht gestorben sind, dann
bohren sie noch heute

Wenn die Stürme und ihre nimmermüden Profiteure andauernd die Saft- und Kraftlosen aussortieren, dann können sich davon gar nicht viele ansammeln. Latent vom zupackenden Haudegen kontrollierte und selektierte Bestände bieten ein stetes, aber mäßiges Brutangebot. Es entstehen mehrere kleine Herde, die aber schnell wieder abflauen. So unglaublich es klingt: Im Naturwald beugt die ständige Anwesenheit des Borkenkäfers seiner massenhaften Vermehrung vor.

Das gilt auch deshalb, weil der vermeintliche Unhold immer auch seine Gegenspieler auf den Plan ruft. Begehrlichkeiten weckt er bei einigen Raubkäfern und Vögeln, aber auch bei Pilzen und Bakterien. Wenn der Geächtete jedoch in einer Forstmonokultur ausgemerzt wurde, aber in einem heißen Sommer einwanderte, dann kann er sich auch deshalb explosionsartig und medienwirksam vermehren, weil ihm dort niemand nachstellt. Bis seine Widersacher den Satansbraten gerochen, das Epizentrum erreicht oder sich nennenswert vermehrt haben, liegt der Holzacker womöglich längst am Boden. Umgekehrt, wenn eine feine aber kleine Käferpopulation im Naturwald stets auch seine Jäger ernährt, dann sinkt das Risiko einer Massenvermehrung. Entgegen allen Unkenrufen der Käferhypochonder: Die beste Versicherung gegen Borkenkäfer sind Borkenkäfer! Nicht die schlauen Brüter plagen den Wald. Sondern die Menschen, die sie bekämpfen.

Entscheidender Regulator ist allerdings das Wetter, denn die Käfer sind furchtbare Frostbeulen. Ein kalter Sommer raubt ihnen die Potenz und damit ihren Schrecken. Und auch das feuchte Seeklima behagt ihnen wenig.

Des einen Freud,
des anderen Leid

Im Übrigen installierte die Natur weitere Sicherungen. So verfügt das Phantom des Waldes beispielsweise nur über einen sehr eingeschränkten Aktionsradius. Es überwindet in der Regel keine 500 Meter, wenn dort kein

Foto: Henrik Larsson/fotolia

bruttauglicher Baum steht. Außerdem fällt keine der etwa einhundert verschiedenen Borkenkäferarten über alle Holzsorten her. Jedes Tier verdaut nur eine bestimmte Baum-Art. In einem gut sortierten Mischwald und auf einem großen Flickenteppich kann sich der gute Wicht also gar nicht über Gebühr ausbreiten.

Wir lernen von ihm einmal mehr, dass es in einem natürlichen Ökosystem keine Schädlinge oder Nützlinge gibt. Jedes Wesen hat hier seine Bestimmung und eine das Biotop erhaltende Funktion. Sie geben und sie nehmen. Sie fressen und sie werden gefressen. Das stört das System nicht. Nur so funktioniert es überhaupt. Alle Glieder dieser Nahrungskette – der Name sagt es – sind aneinander gekettet. Auf Gedeih und Verderb. Eine Akti-

on erzeugt immer eine Reaktion, die direkt oder indirekt auf den Verursacher zurückwirkt. Diese Wechselbeziehungen führen zu einem Dichteausgleich und zur Anpassung. Es entstehen gleitende Fließgleichgewichte.

Individuen und Arten kommen und gehen, aber das Beziehungsnetz zwischen Produzenten, Konsumenten und Destruenten bleibt bestehen. Die Evolution begünstigt dabei die Arten, die den Nährstoffzyklus und damit auch die eigene Nahrungsquelle nicht irreversibel schädigen. Evolutionsprozesse führen über kurz oder lang stets zu einer Optimierung, nie zu einer Maximierung der Ressourcennutzung. Ausbeuter werden daher irgendwann das Opfer ihrer Erfolgsausbrüche. Egal, ob sie tausend Füße oder nur zwei Beine haben.

»Die Flöhe und die Wanzen
Gehören mit zum Ganzen.«

Johann Wolfgang von Goethe (1749–1832)

1 | Ein Männlein bohrt im Walde. Ganz still und stumm. Geräuschlos und folgenreich fressen sich die Käfer und ihre Brut unter der Rinde durch.

2 | Kunstvoll ziehen sich ihre filigranen Fraßgänge durch das Holz.

Foto: Heinz Bußler

99

Mitten im Darßwald stolpern Wanderer über das Alte Meeresufer.
Der bis zu acht Meter hohe Geländesprung markiert tatsächlich
die Stelle, an der sich vor knapp 2.000 Jahren noch Fische und Muscheln
Gute Nacht sagten. Dahinter spülte die Ostsee seither zahlreiche Dünen
an, die im Wald noch heute als Bodenwellen erkennbar sind.

Der alte Wald und das Meer

Das Land zwischen dem Wasser und unter dem Wind hat einen sonderbaren Wald hervorgebracht. Heiter beschwingt ist er und außerordentlich abwechslungsreich.

Wenn Strukturreichtum – also z. B. unterschiedliche Bodenverhältnisse – einen Vorteil für eine vitale Baumgemeinde darstellt, dann ist der Darßwald ein privilegierter Wald. Auf dem Grund nämlich, den das Meer herbeigeschleppt hat, wechseln sich kleine Hügel und Mulden ständig ab. Auf dem Vor- und Neudarß finden wir heute 130 Dünenrücken und -täler hintereinander aufgereiht.

Mit den Reffen und Riegen – wie die Einheimischen sagen – wechseln permanent die Lebensräume. Auf eine trockene Höhe folgt immer eine feuchte Senke. Dabei betragen die Niveauunterschiede im Durchschnitt ein bis drei Meter. In einigen Fällen sind es aber auch zehn. Die östlich von Prerow gelegene Hohe Düne bringt es sogar auf 13 Meter. Das dadurch entstehende Biotopmosaik könnte bunter nicht sein.

Es ist eigenartig, wie das Meer dem Land mit den Sandwellen sein Muster eingraviert und sich damit gleichsam auf ihm verewigt hat. Wie erstarrte Wasser liegt das Stück Erde da. Als würde die Dünung zu Dünen geronnen sein. Der Wellenkamm zur Bodenwelle. Als wolle das Meer uns wissen lassen, dass dieser ansehnliche Wald seinem Schoß entstammt. Nein, auch wenn sich am Ufer das Raunen der Wipfel mit dem Rauschen der Brandung vereint, dann mag niemand diesen Ursprung leugnen. Dieses Waldmeer ist ein Meerwald. Und der fühlt sich nach wie vor zur Ostsee hingezogen. Ehrfurchtsvoll opfert er ihr am Weststrand immer wieder wohlgenährte Bäume. Es scheint sein Schicksal zu sein: Aus dem Meer kommt er und in ihm vergeht er.

Die Ikonen dieses imposanten Waldes sind die verwachsenen Kiefern und Buchen an seinem Saum. Ihre Äste fliehen vor dem vorherrschenden Westwind und wachsen alle in eine Richtung. Ein Bild für die Götter, ein Faszinosum und eines der häufigsten Motive für die Ahrenshooper Maler und ihre Dichterkollegen. Sie liebten die absonderlichen Sturm-Skulpturen und bezeichneten die charaktervollen Kunstwerke der Natur bald als

1 | Die Kiefern der ersten Reihe halten wacker die Stellung. Nur ihre Äste flüchten vor dem dominierenden Westwind.

2 | Auch diesen Dünenrücken haben dereinst einige genügsame Kiefern erschlossen. Dann stellten sich die Buchen ins gemachte Nest.

Windflüchter. Wie »flatterndes Haar« (Johannes Trojan, 1911) strecken sie ihre Zweige nach Osten hin. Ihnen galten die Fantasiegestalten mit dem geföhnten Schopf als Monumente der Beharrlichkeit und als exzentrische Persönlichkeiten. Für die Ökologen sind die willensstarken Überlebenskünstler vor allem beeindruckende Zeugen vom ungezügelten und unermüdlichen Wirken der Elemente und vom Einfallsreichtum der Natur. Und sie begeistern sich selbstverständlich an den vielfältigen Bildern dieses abwechslungsreichen Waldes, der heute noch jeden Tag ein neues, jungfräuliches Stück Land unter seine Fittiche nimmt.

Weil sich diese Prozesse der Besiedlung, der Versumpfung, der Vermoorung und der Waldbildung in all ihrer Komplexität, mit allen Zyklen und Reifegraden und in einer in Europa einzigartigen Dynamik frei entfalten – nicht zuletzt deshalb wurde dieser grüne Flecken zwischen Ostsee und Bodden als Nationalpark geadelt.

»In der Natur fühlen wir uns so wohl, weil sie kein Urteil über uns hat.«

Friedrich Nietzsche (1844–1900)

Ein weitverzweigtes Wurzelsystem gehört zu den Erfolgsgeheimnissen der Buche. Im Sand der Boddenlandschaft ankert sie nicht nur tief. Sie streckt ihre Fühler in alle Himmelsrichtungen aus. Damit ist sie vielen Rivalen am gleichen Standort weit überlegen.

Die Natur ist ein Naturtalent

Der Wind wirft gelegentlich zwar viele Bäume um, nie aber den Wald aus seiner Bahn. Auch unsere sensiblen Monokulturen baut die Natur routiniert wieder zu einer stabilen Wildnis um.

1 | Umgefallene Monokulturen sind – wenn man sie liegen lässt – ein durchaus hoffnungsvoller Anfang für einen neuen und vitalen Naturwald.

2 | In einer Kiefernplantage behindert der Adlerfarn das Wachstum von Jungbäumen. Gänzlich stoppen kann er es nicht.

3 | Wo der Adlerfarn wuchert, bieten umgestürzte Bäume eine besondere Chance für die neue Waldgeneration. Sie rücken den Keimling ins rechte Licht und liefern ihm wertvolle Spurenelemente. In unserem Fall versuchen Laub- und Nadelbaum gemeinsam ihr Glück. Schaffen wird es nur einer.

Noch ist der Nationalpark keine heile Welt. Auf dem jungen Land hinter dem Leuchtturm Darßer Ort behütet er zwar unberührte Wälder. Gleich nebenan finden sich aber auch noch in Reih und Glied gepflanzte Nadelbaum-Plantagen.

Wie kommt das? Der Holzreichtum auf dem Darß verlockte viele Jahrhunderte zum Raubbau. Mal bedienten sich die pommerschen Fürsten, mal schwedische, dänische und französische Okkupanten. Schließlich schwangen die Preußen die Axt und natürlich auch die Einheimischen selbst. Weil die Einschlagmenge die nachwachsende Holzmenge überstieg, drohte der Rohstoff zu versiegen. Forstleute wagten deshalb vor rund 200 Jahren ein aufwändiges Experiment. Sie pflanzten Bäume gezielt und systematisch. Einige Waldzellen ließen sie weitgehend unberührt. Damit konnten sie den totalen Raubbau stoppen und den Grundstein für eine nachhaltige Forstwirtschaft legen.

Heute steht fest, dass das von unseren Vorvätern in bester Absicht begonnene Projekt nur zum Teil erfolgreich war. Jetzt wissen wir, dass der Mensch auch im »Wirtschaftswald« viel zurückhaltender agieren und der Natur einen beträchtlichen Teil gänzlich zurückgeben muss.

Schon Ferdinand von Raesfeld trug sich mit solchen Gedanken. Als er 1891 auf dem Darß seinen Dienst antrat, lag ein Drittel der Fläche brach. Dem kaiserlichen Forstmeister ist es zu danken, dass wieder aufgeforstet und andere Bereiche geschont wurden. Doch die Weltkriege und ihre Folgen machten vieles von diesem Werk zunichte. Man schlug ganze Waldabschnitte kahl, walzte Riegen und Reffen platt und entwässerte Erlenbrüche. Selbst als der Wald schon Naturschutzgebiet war, entstanden großflächig Einheitskulturen mit schnellwüchsigen Kiefern und Fichten.

Durch diese dichten, monotonen und labilen Plantagen fegten 1967 und 1968 zwei kräftige Orkane. Hektarweise mähten sie den Stangenacker nieder. 220.000 Festmeter sollen es gewesen sein – mehr als zwanzig Jahresernten. Forstleute aus dem ganzen Land bargen

> »Jeder dumme Junge kann einen Käfer zertreten.
> Aber alle Professoren der Welt können keinen herstellen.«

Arthur Schopenhauer (1788–1860)

den Windbruch und legten in einem Kraftakt unverzüglich neue Schonungen nach gleichem Muster an.

1990 wurde das Gebiet schließlich zum Nationalpark erklärt und mit der Zielstellung versehen, alte Wildnis zu erhalten und, z.B. in den gepflanzten Monokulturen, neue Wildnis wachsen zu lassen.

Als sich dann das letzte Jahrtausend im Dezember 1999 mit dem Tief Anatol verabschiedete, gingen über 10.000 Festmeter zu Bruch, vornehmlich in den 1968er Nadelkulturen. Diesmal blieben große Teil des Windbruchs liegen. Mit jedem weiteren Sturm eröffnet die Natur neue Baustellen und niemand schreitet mehr ein. 2017 endet die Waldbehandlung im Nationalpark endgültig. Bei manchen Menschen wirft das Nichtstun Fragen auf.

Warum lässt man das wertvolle Holz einfach liegen? Diese Frage stellt sich in einem Nationalpark nicht. Im Gegenteil: Hier bedürfen jegliche Eingriffe durch den Menschen eines triftigen Grundes. Und für einen stabilen Wald ist das tote Holz überaus wertvoll.

Aber man muss doch aus dem Chaos alsbald wieder einen anständigen Wald machen. Auch ein liegender Wald ist ein Wald. Ein Pionierwald, Phase 1 (siehe Seite 87).

Man kann ja die alten Monokulturen nicht mit einem Naturwald vergleichen. Diese Bestände schaffen das nicht. Die brauchen uns. Wenn die Natur ganz ohne unser Zutun auf einer nackten Düne ein üppiges Waldbiotop aufzubauen imstande ist, dann schafft sie das auch auf einem bereits mit Nährstoffen angereicherten Grund. Für den Umbau der Monokultur braucht sie länger, als für den Umbau eines Flickens auf einem vitalen Waldteppich. Aber dass es ihr gelingt, daran besteht kein Zweifel.

Doch, es bestehen Zweifel, weil der Adlerfarn zu schnell wuchert und die jungen Bäume in seinem Schatten keine Chance haben. Der hübsche Adlerfarn ist ein Relikt aus der Bewirtschaftung, insbesondere in Kiefernforsten. Er nimmt den jungen Bäumen das Licht und verzögert eine natürliche Verjüngung. Verhindern kann er sie nicht. Wenn die Natur will, dass an diese Stelle

Wald gehört, dann pflanzt sie ihn auch. Und sie will. Wer genau hinsieht, findet unter und zwischen stattlichen Adlerfarn-Exemplaren tapfere Birken-, Eberesche- und Buchenschösslinge. Sie überrunden den Farn früher oder später. Besonders gut klappt das an den Rändern feuchter Senken. Wenn benachbarte Buchen sich ausbreiten und den lichtliebenden Farn überschatten, gerät dieser ins Hintertreffen. Und mit jedem neuen Bäumchen schwindet seine Dominanz. Manchmal pflügen auch Wildschweine den Farn unter und verschaffen dem Holznachwuchs einen Vorsprung.

Wenn sich aber nun außerdem noch das Klima erwärmt, dann funktioniert das selbst bei starken Naturwäldern nicht. Wer soll die Anpassung an das neue Klima vollziehen? Wer, wenn nicht der Wald, die Natur? Wissen wir, welcher Baum und welche Lebensgemeinschaft dem neuen Klima gewachsen sind? Und wenn wir es wüssten, bekommen wir die Mischung hin? Es wäre geradezu absurd, die Anpassungsstrategie der Natur zu unterdrücken. Der Wald hat viele Trümpfe in der Hinterhand. Wir müssen ihn sie ausspielen lassen.

Von solchen Experimenten wollen wir nichts hören. Seit 200 Jahren pflanzen Menschen gezielt Bäume an. Das entspricht gerade einmal einer Buchengeneration. Die Natur hat ihre Strategie für den Wald in Millionen Jahren ausgetüftelt und immer wieder überarbeitet. Es steht außer Frage, was Experiment und was Erfolgsrezept ist.

Aber dann zerfressen die Borkenkäfer den Wald. Die Borkenkäfer bringen schwache und kranke Bäume zum vorzeitigen Absterben – wenn sie dafür günstige Voraussetzungen finden. Genau das ist das erprobte Szenario der Natur und ihr sicherster und kürzester Weg zum vitalen Wald.

Was passiert denn, wenn wir nichts tun? Dann sprießt zwischen den gefallenen Stämmen bereits nach kurzer Zeit neue Vegetation und die Zahl der Arten nimmt sprunghaft zu. Wir können dabei lernen, wie die Natur ganz ohne uns und viel effektiver als wir eine instabile Monokultur in ein vitales Ökosystem umbaut.

Und was geschieht, wenn wir doch eingreifen? Solch ein Feldzug beginnt mit der Bergung der Toten. Eine lebensgefährliche Arbeit, denn die ineinander verkeilten Stämme stehen oft unter Spannung. Manchmal liegen sie zudem tief in einem ansonsten unbetroffenen Quartier, weitab vom Weg. Mitten im Idyll kreischen nun wochenlang die Sägen. Motoren heulen. Benzinwolken wabern durch den Tann. Schweres Gerät schleift die Stämme durch das Gebüsch und über das Wurzelgeflecht bisher intakter Bäume. Bei dem Gezerre kommen sowohl die keimenden Hoffnungsträger der neuen Baumgeneration unter die Räder als auch all jene, die von der Evolution nicht zur eiligen Flucht ausgestattet wurden. Wir walzen dabei nicht nur Kleinvieh platt. Mit dem toten Holz schaffen wir auch die Lebensgrundlage für die Hälfte aller Wald-

bewohner beiseite. Gründlich kehren wir den sich gerade füllenden Fundus aus. Wir demontieren außerdem den Wind- und Sonnenschutz, die Schneebremsen, die Wasserspeicher und die Einfriedungen. Wir reißen das gerade angeschobene Wohnungsbauprogramm des Waldes ein. Und wir rauben all die Biomasse, die er auf die hohe Kante gelegt hatte. Wir entziehen der Baumgemeinde für lange Zeit alle Optionen für eine vitale Zukunft.

Mit der Verdichtung des Bodens durch schwere Maschinen stören wir noch auf Jahre die Zirkulation von Wasser und Nährstoffen. Bis auf Weiteres mag hier kein neuer Wald Wurzeln schlagen. Deshalb wird das Gelände an einigen Stellen rabiat umgepflügt. In diesen nun viel zu losen Grund versenken wir junge Baumpflänzchen. Wenn wir Glück haben, stammen die Samen aus diesem Wald. Wenn nicht, dann müssen wir auf die wertvolle Erbinformation der hier bereits seit Generationen angepassten Bäume verzichten. In jedem Falle haben diesmal wir die Selektion in die Hände genommen.

Damit Wildschweine oder Hirsche die völlig schutzlose Schonung nicht abweiden oder zertrampeln, kommt ein Zaun ringsherum. Wind und Regen, Sonne und Schnee kann der allerdings nicht aufhalten. Mutterseelenallein auf kahler Flur, des Erbes und der schützenden Hand ihrer Eltern beraubt, entsteht aus der Ansammlung dieser bemitleidenswerten und monotonen Gehölzreihen nichts anderes als ein Potemkin'scher Wald. Das Einzige, was wir hier mit unglaublich hohem Einsatz an Technik und Finanzen wirkungsvoll vergraben, ist das Geld aus der Staatskasse.

Gerade schickt sich die Natur an, unsere Sünden auszumerzen. Gerade bringt sie Licht in das düstere Stangendickicht. Rasch will sie einen farbenfrohen Quilt aus ihm basteln. Und ausgerechnet jetzt sollen wir ihr wieder in die Parade fahren? Ihr Erbgut in den Wind schreiben? Ihren kostenlosen und verlässlichen Dienst ausschlagen? Jetzt sollen wir mit gigantischem Aufwand eine chronisch kranke Plantage künstlich aufrechterhalten? Jetzt sollen wir ausgerechnet im Nationalpark die bewährte Strategie der Natur zur Herstellung optimaler, gut angepasster und stabiler Ökosysteme durchkreuzen?

Wir müssen nur warten, staunen und lernen

Konventioneller Waldbau verfolgt ein statisches Konzept und bleibt ein permanenter Kampf gegen die Natur. Das Herbeisägen eines imaginären Wunschbildes bremst das Regenerationspotenzial des Waldes. Forsten, die wir mit »Pflege«-Eingriffen möglichst rasch in einen optisch gefälligen Zustand versetzen, sind nicht zu vergleichen mit Wäldern, die sich selbst organisieren.

Das Beziehungsgeflecht der Lebensgemeinschaften lässt sich nicht künstlich herstellen. Das mosaikartige,

Der Leuchtturmweg am Darßer Ort entspricht der Küstenlinie von 1696. Er zeigt zugleich den natürlichen Weg von der Wüste zum Wald. Denn diese Kiefern und alle anderen Pflanzen haben die Düne ganz allein erklommen.

verzahnte, fließende Nebeneinander von Zerfalls-, Verjüngungs- und Alterungsphase kann man nicht bauen. Den Arten- und Strukturreichtum nicht pflanzen. Ein natürlich wachsender Wald mit reichlich Moderholz übertrifft jede gepflanzte Baumkulisse. Nur wenn wir dem Wald Raum und Zeit geben, kann er sein Regulations- und Innovationsvermögen entfalten. Ein griechisches Sprichwort sagt: Egal wie oft man an der Olive zupft, sie wird deshalb nicht früher reif. Natur muss sich selbst entfalten. Sie muss reifen.

Mit den alten Monokulturen im Nationalpark bricht lediglich zusammen, was nie zusammengehörte. Hier verabschiedet sich unsere fixe Idee vom schnellen Weg zum Paradies. Mit dem liegenden Holz vermodert weder der Darß noch das Abendland. Hier erodiert nur unser überkommenes Bild vom immergrünen, aufgeräumten Wald. Der Nationalpark trägt unseren Glauben vom Leben ohne Tod zu Grabe.

Wir müssen das Sterben als Bestandteil des Lebens akzeptieren und tradierte Ordnungsliebe über Bord werfen. Und wir müssen uns eingestehen, dass unsere Einmischung in die inneren Angelegenheiten des Waldes nicht helfen, sondern stören.

Das Schöne bewahren und das vermeintlich Hässliche beseitigen – so funktioniert nur menschliches Denken. Wenn wir Schmetterlinge vergöttern und ihre Raupen bekämpfen, führt das zu keinem ganzheitlichen Konzept, sondern nur zu neuen Kultur-Katastrophen. Wir müssen aufhören, Tiere, Pflanzen oder Vorgänge in der Natur als lieblich oder scheußlich zu benoten, als nützlich oder schädlich.

Zu glauben, dass wir wie die Natur schöpfen könnten, ist wohl unser größter Irrtum. Die Natur weiß, wo der Hase langläuft. Sie braucht keinen Nachhilfeunterricht. Schon gar nicht in Biologie.

Ein Sommernachtstraum. Manchmal weisen
Leuchtturm, Mond und Sterne den Seefahrern
am Darßer Ort gemeinsam den Weg.

Der Kreißsaal
der Ostsee

In der Boddenlandschaft ist
der Schöpfungsakt in vollem
Gange und täglich live zu erleben.
Hier lesen wir im Buch des
Lebens und in der jüngeren
Erdgeschichte.

Keineswegs zufällig markieren die beiden großen Leuchttürme des Nationalparks zwei Hotspots der Boddenlandschaft. Sowohl vor dem Dornbusch als auch vor dem Darßer Ort ist die Ostsee stets in anderen Umständen. Kurz unter der Wasseroberfläche geht sie mit einer neuen Düne schwanger. Weil derartige Untiefen schon viele Seeleute ins Unglück stürzten, baute man 1848 den Turm auf dem Darß und 40 Jahre später den auf Hiddensee.

Der Leuchtturm Darßer Ort stand damals am Nord-west-Ende der Insel. Zum Weststrand benötigt man auch heute nur ein paar Schritte. Aber zum Nordstrand muss man unterdessen gut 30 Minuten wandern. 3.000 laufende Meter Sand hat die See hier in 170 Jahren her-beigeschaufelt und ihn dem Wald anvertraut. Wer den Rundwanderweg nimmt, der erlebt hier ein grünes Wun-der. Es ist wie eine Reise durch die Erdgeschichte. Unter-wegs begegnen wir all den Helden der Landnahme, den Vorkämpfern der Baumgemeinde, vom zarten Dünengras

bis zur kraftvollen, aber bizarr verwachsenen Altkiefer. Hinter raschelnden Schilfgürteln erhebt sich bereits das stattliche Waldmeer. Und dann stehen wir auch schon am schmalen Weststrand, an dem die See sich immer wieder den Baustoff für das Neuland einverleibt.

Wenn wir nun auf den 126 gusseisernen Stufen des Leuchtturms in den Himmel steigen, dann tut sich aus der Vogelperspektive ein atemberaubendes Panorama auf. Hier erblicken wir den wogenden Darßwald mit seinen Riegen und Reffen, hier sehen wir den alten Inselkern und das nachwachsende neue Land. Unter uns streichelt die Brandung den Strand. Wald und Meer rauschen mit dem Wind. Ihm geben sie einen salzigen und einen erdigen Gruß für uns mit auf den Weg nach oben. Und ungläubig wundert sich ein Dutzend Möwen über unseren Besuch in luftiger Höhe.

Haben wir den Turm einmal umrundet, dann geht uns hier oben, wo wir das Leuchtfeuer im Rücken haben, plötzlich ein Licht auf. 28 Meter über dem Geschehen

1 | Dass der Wald Dünentäler und Dünenrücken besiedelt hat, sieht man aus der Luft besonders gut.

2 | Das Leben ist eine Baustelle. Und der Wandel die einzige Konstante. Besonders im Windwatt.

erkennen wir schlagartig den Bauplan der Natur. Hier gestattet sie uns einen Einblick in ihre so produktive und erfolgreiche Werkstatt. Wald und Meer decken die Karten auf und lassen uns bei der Geburt über die Schulter schauen. Hier – im Kreißsaal der Ostsee – sind wir live bei ihrem grandiosen Schöpfungsakt dabei. Das Werden und Vergehen wird greifbar. Der permanente Wandel spürbar. Offen breitet sich die Evolution vor uns aus.

Hier wird klar, was Goethe meint, wenn er Faust sagen lässt: »Alles was entsteht, ist wert, dass es zugrunde geht.« Auch Heraklit passt gut: »Panta rhei« soll er vor 2.500 Jahren ausgerufen haben. Alles fließt. Der Grieche meinte nicht das umspülte Eiland im Besonderen, sondern den Lauf der Dinge im Allgemeinen. Ihm ging es um Prozesse und Entwicklungen schlechthin, um Veränderungen, die in der Natur einer jeden Sache liegen. Und mit »Alles fließt« wollte er wohl auch sagen: Nichts steht still. Heute noch tun wir uns mit dieser Erkenntnis schwer. Immer noch haben wir Mühe, zu erkennen oder gar anzuerkennen,

dass die Natur einem ständigen Wandel unterliegt. Und wir wollen nicht wahrhaben, dass wir uns diesem Lauf der Dinge nicht ungestraft in den Weg stellen können.

Der Leuchtturm erleuchtet uns. Die exponierte Stellung öffnet uns die Augen. Erhellt sonst verborgene Prozesse. Macht sie sichtbar und erlebbar. Auf offener Bühne laufen spannende Szenen ab. Die Zyklen und Phasen, die Jäger und die Gejagten passieren unser geistiges Auge. Jetzt dämmert uns, wie wenig wir von der kosmischen Ordnung wissen und wie groß die Zusammenhänge sind, auf die der Turm und der Park nun ein kleines Schlaglicht werfen. Wir staunen, wozu die Natur imstande ist, wenn wir sie gewähren lassen. Wenn wir ihr Raum und Zeit geben. Und wir ahnen, dass es unseres Zutuns dazu nicht bedarf.

Die Boddenlandschaft ist einer der schönsten, der spannendsten und der aufschlussreichsten Schau-Plätze der Natur, der Evolution und des Lebens. Den Nationalparkstatus hat sie sich redlich verdient.

Eine Frage des Standpunkts: Wer so nah am
Wasser baut, hat eine glänzende Aussicht,
aber eine geringe Lebenserwartung.
Ein paar Jahrzehnte bleiben den Buchen
am Darßer Weststrand allerdings noch

Tanz auf dem Vulkan

Seit Langem schon sägen wir an dem Ast, auf dem wir sitzen. Haushalten und raushalten heißt der Dualismus, der die Zukunft des Lebens sichern soll.

In den vergangenen 40 Millionen Jahren brachte die Evolution mindestens zehn Millionen Arten hervor. Zwar starben auf natürliche Weise immer wieder auch Spezies aus, aber es kamen stets mehr hinzu. Diese Entwicklung stoppte der Mensch vor 2.000 Jahren abrupt. Spätestens vor 1.000 Jahren legte er den Rückwärtsgang ein. Selbst vieles, was noch um 1900 lebte, kennen wir nur aus Archiven, Museen oder Erzählungen.

Bei dem Versuch, uns die Erde untertan zu machen, haben wir aus der Fülle der Arten unter egoistischen und kurzsichtigen Aspekten einige wenige Nutztiere und -pflanzen herausgegriffen. Andere hegen wir, weil wir sie schön finden. Die »restlichen« 99 Prozent sind uns bestenfalls gleichgültig. Wenn sie uns allerdings missfallen oder bei unserem Tun behindern, dann erklären wir sie zu Feinden, Schädlingen, Parasiten, zu Unkraut oder Ungeziefer. Was uns direkt ins Gehege kommt, bekämpfen wir mit allem, was der wissenschaftlich-technische Fortschritt zu bieten hat (Hoimar von Ditfurth).

In Deutschland gelten nach offiziellen Angaben drei Prozent aller heimischen Arten als ausgestorben, 31 Prozent als bestandsgefährdet. Und auch das Schicksal von fast 70 Prozent unserer Biotoptypen hängt nur noch an seidenen Fäden. Dessen ungeachtet werden in Deutschland jeden Tag rund 60 Hektar für Siedlungs- und Verkehrsfläche »verbraucht«. Das entspricht 82 Fußballfeldern. Weniger als fünf Prozent unseres Heimatlandes haben wir wenig konsequent unter Naturschutz gestellt und nur zum Teil unbeschadet ins neue Jahrtausend gerettet. Die Nationalparks machen lediglich zwei Prozent unseres Staatsgebietes aus, wobei davon große Teile Wasserflächen sind.

Weltweit sterben nach seriösen Schätzungen bis zu 58.000 Arten pro Jahr. Und die Geschwindigkeit der Ausrottung steigt rapide. Potenziell wichtiges Erbgut geht der Menschheit unwiederbringlich verloren. Zugleich bricht mit jeder ausgerotteten Art eine Strebe aus dem empfindlichen biologischen Gerüst, in das wir selbst eingebunden sind.

Dabei besitzen einige Arten eine Schlüsselfunktion in diesem Gefüge. Ihr Verschwinden zieht den Verlust anderer Arten nach sich. Folge ist ein Dominoeffekt. Als ob jemand versehentlich ein Stromkabel anbohrt. Plötzlich gehen überall die Lichter aus. Züge bleiben auf offener Strecke stehen. Fahrstühle und U-Bahnen stecken fest. Computersysteme und Telefonnetze kollabieren. Chaos bricht aus. Plötzlich finden wir uns in einer feindlichen Umgebung wieder. In der künstlichen wie in der natürlichen Welt sind die Nachbeben einer solchen Laufmasche unkalkulierbar.

Wilde Zivilisation wird immer bedrohlicher

Wir bemerken das lautlose Sterben kaum, weil wir es nicht sehen, riechen, schmecken oder hören. Diese so gigantische wie rasante genetische Erosion ist eine Katastrophe ohne Blitz und Donner. Doch das scheint sich zu ändern. Langsam ahnen wir, dass die größte Gefahr für uns Menschen nicht von wilder Natur ausgeht, sondern vielmehr von der Zivilisation. Langsam begreifen wir, dass wir die Natur nicht gezähmt, sondern ihr nur eine andere und womöglich wenig vorteilhafte Richtung gegeben haben, dass sie nun eine neue, ganz und gar andere

Auch bildschöne Schmetterlinge
wie der Hauhechel-Bläuling
entstammen einer hässlichen
Larve.

»Wir leben in einem gefährlichen Zeitalter.
Der Mensch beherrscht die Natur,
bevor er gelernt hat,
sich selbst zu beherrschen.«

Albert Schweitzer (1875-1965)

Wildheit entwickelt. Eine Wildheit, die sich gerade erst zu entfalten beginnt. In Wirklichkeit haben wir den Lauf der Dinge – eine Ordnung, von der unser Leben abhängt – gründlich durcheinander gebracht.

Der Pro-Kopf-Verbrauch der Menschen vertausendfachte sich in den letzten 10.000 Jahren. Da zugleich die Weltbevölkerung von fünf Millionen auf mehr als sieben Milliarden angewachsen ist, steigerte sich die Ressourcenbeanspruchung auf ein Millionenfaches. Vor allem die fossilen Brennstoffe gehen dem Ende entgegen.

Mit dem Treibhauseffekt steht uns die nächste Katastrophe bevor. Experten erwarten eine mittlere globale Erwärmung von drei Grad Celsius bis zum Ende des Jahrhunderts. Das ist eine Größenordnung, die dem Übergang von der Eiszeit zur Wärmezeit entspricht. Und das in nur einhundert Jahren. Der sich daraus ergebende Wandel der Vegetation und des Wasserhaushaltes lässt sich kaum erahnen.

Weder Herr des Planeten, noch Herr der Lage

Längst ist uns unsere vermeintliche Weltherrschaft über den Kopf gewachsen. Wir haben Lebensräume zerstört oder vergiftet (1), viele Arten sterben lassen (2), die Rohstoffe verschleudert (3) und die Erde aufgeheizt (4). Alle vier Entwicklungen zusammen führen schließlich dazu, dass die Natur die »Ausdünstungen« der Zivilisation nicht mehr in ausreichendem Maße entsorgen, binden und reinigen kann. Das Assimilations-Vermögen der Biosphäre ist erheblich gestört. Aber es kommt noch schlimmer: Mit unserem Tun stören wir vor allem das Anpassungsvermögen von Lebensgemeinschaften. Wir lassen ihnen weder genügend Raum noch ausreichend Zeit, um sich an die sich verändernden Umweltbedingungen anzupassen. Mit anderen Worten: Wir sägen an dem Ast, auf dem wir leben.

Was ist zu tun? Vor allem müssen wir unsere Wirtschaftsweise ändern. Denn ein begrenztes System, das unbegrenzt wächst, endet zwangsläufig in der Katastrophe. Was die Welt heute am wenigsten braucht, sind die ökonomischen Wachstumsmodelle der reichen Länder. Im 21. Jahrhundert kann nicht Fortschritt sein,

was von der Natur nicht ertragen, von der Erde nicht getragen wird. Wir müssen begreifen, dass Umwelt- und Naturschutz nicht der Hemmschuh einer zukunftsorientierten Entwicklung sind, sondern deren elementare Voraussetzung (Michael Succow). Der Erhalt der Regenerierbarkeit und des Selbstreinigungsvermögens der Natur und der Schutz der Ressourcen werden zur entscheidenden Welt-Umweltstrategie oder besser zur Welt-Überlebensstrategie.

Einerseits müssen wir den Flächenverbrauch stoppen und die Rohstoffentnahme drastisch reduzieren. Wir dürfen nur noch so viel aus der Natur nehmen, wie nachwächst.

Zu diesem Nachhaltigkeitsprinzip haben sich Staats- und Regierungschefs von 178 Staaten erstmals auf der UN-Konferenz für Umwelt und Entwicklung 1992 in Rio de Janeiro verpflichtet. Umweltschutz soll demnach nicht nachgeordnet sein, sondern integraler Bestandteil jeglicher Entwicklung.

Für das Haushalten mit der Natur, für den modellhaften Umgang mit den Ressourcen wurden Biosphärenreservate und Naturparks geschaffen. Hier können vor allem die Ökonomen in die Schule gehen. Denn das einzige System, das bisher eine vernünftige Garantiezeit des Überlebens aufzuweisen hat, ist das biologische. Diese Lebewelt existiert seit 60 Millionen Jahren, und es lohnt sich, einiges von der Firma zu lernen, die über so lange Zeit nicht Pleite gemacht hat (Frederic Vester).

Andererseits gilt es, alle noch funktionstüchtigen, sich selbst regenerierenden Öko-Systeme dieser Erde zu erhalten; also die Landschaftsräume, die noch ohne uns für uns wirken (Michael Succow). Weitere Teile unseres Planeten müssen wir der Natur zurückgeben und ihr gänzlich überlassen. Diese Rolle kommt vor allem den Nationalparks der Welt zu.

Wissenschaftler gehen davon aus, dass wir eine Trendwende nur erreichen, wenn wir 85 Prozent der Landfläche nachhaltig umweltgerecht und 15 Prozent gar nicht nutzen. Bewusstes Tun auf der einen und ein bewusstes Unterlassen auf der anderen Seite, das ist das Gebot der Stunde. Haushalten und raushalten – so lautet die kurze Formel. Nachhaltigkeit und Wildnis – dieser Dualismus soll uns eine lebenswerte Zukunft sichern.

Hiddensee – ein Wintermärchen.
Seit Generationen schickt der Leuchtturm
auf dem Dornbusch sein Licht über das
Meer. Nun macht er als Wetterstation
Fernsehkarriere. Und mit ihm die ebenso
einsame wie sturmerprobte Kiefer. Täglich
berichtet der Norddeutsche Rundfunk in
der Abendschau, wie viel Grad und Knoten
die beiden in den nächsten Stunden
heimsuchen.

The Natural
Way of Life

Nationalparks hüten weltweit
alte und neue Wildnis. Hier führt
ganz allein der Zufall Regie.
Wir sind als Zuschauer willkommen. Und als Schüler.

Nach internationalem Standard sollen Nationalparks auf mindestens drei Viertel ihrer Fläche eine natürliche, ungelenkte Entwicklung gewährleisten. Ihre wichtigsten Aufgaben sind also: das Loslassen, das Seinlassen, das Da-Seinlassen, In-Frieden-Lassen, Zeitlassen, das Stehen- und Liegen-, das Entstehen- und Vergehenlassen. In den Nationalparks sollen sich Ökosysteme in ihrer Komplexität, in der verwickelten, von uns weder verstandenen, geschweige denn beherrschten Gesamtheit ihrer Prozesse frei entfalten können.

Es geht nicht um die Konservierung von heutigen oder um die Wiederherstellung von gestrigen Zuständen. Nationalparks wollen nicht liebgewonnene Landschaftsbilder hegen oder irgendwelche Wunschvorstellungen möglichst rasch herbeipflegen. Nationalparks schützen nicht den Status quo, sondern den Wandel, nicht Zustände, sondern Prozesse. Sie bieten Freiräume für die natürliche Dynamik, für die Evolution. Mit all ihrer Wildheit, Zufälligkeit und Unberechenbarkeit. Völlig frei

und entfesselt. Vom Wind umgeworfene Bäume bleiben liegen, Käfer dürfen sich nach Lust und Laune vermehren und Bäche ihren eigenen Weg suchen.

Hier ernten wir nur Erkenntnisse

Im Nationalpark ist der Mensch nicht das Maß aller Dinge. Hier genießt er nur Gastrecht. Hier geht die Natur eigene Wege. Hier gilt das Prinzip der Nullnutzung und der Nichteinmischung. Hier be- und entwässern wir nicht. Hier pflügen, düngen und füttern wir nicht. Wenn wir ernten, dann nur ökologische Daten, viele Erkenntnisse und jede Menge Einsichten. Im Nationalpark lenken, ordnen und korrigieren wir nicht einmal. Hier staunen, registrieren und lernen wir »nur«.

Außerdem kommt den Reservaten die existenzielle Rolle der Arche zu. Sie sind Rettungsinseln für viele wild lebende Tiere und Pflanzen. Sie tragen so zur Sicherung

1 | Die Striegelige Tramete gehört zum Recyclingteam des Waldes. Sie verflüssigt das fest angelegte Kapital.

2 | Wildschweine haben eine wichtige Mission. Von morgens bis abends graben sie den Waldboden um und verhelfen dabei vielen Stammhaltern zum Durchbruch.

3 | Während der Paarungszeit laufen die Moorfrosch-Männer blau an. Oft sitzen sie dann zu Dutzenden auf einem sonnigen Fleck im Bruchwald und versuchen, die Damen zu beeindrucken.

der genetischen Ressourcen, zum Erhalt der Biodiversität und zur Bewahrung der Schöpfung bei. Dies bedeutet jedoch nicht, dass ein Nationalpark möglichst viele Arten stapeln soll. Viel hilft bekanntlich nicht immer viel.

Biodiversität ist als globales Ziel zu verstehen. Dabei fungieren die Nationalparks überall auf der Welt als Rückzugsgebiete für diejenigen Arten, die am jeweiligen Standort heimisch und typisch sind. Die Reservate schaffen dafür die Voraussetzungen, indem sie eine ungestörte natürliche Entwicklung gewährleisten. Das heißt auch, dass der Mensch die Arten nicht aussucht. Es geht nicht um bestimmte Artenverteilungen und damit auch nicht um die Rettung von »guten« oder die Bekämpfung von »bösen« Tieren, von schönen oder hässlichen. Sie alle sollen hier keineswegs nach unseren Erwägungen leben und sterben, sondern allein nach den Gesetzen der Natur. Sie soll ihre Wahl treffen.

Die Nationalparks arbeiten nicht auf klar umrissene Ziele hin. Konsequenter Prozessschutz lässt offen, welcher Zustand sich im Laufe der Zeit (vorübergehend) einstellt, welche Arten sich ansiedeln und welche abwandern. Nationalparks wollen die Natur nicht in die vermeintlich richtige Richtung entwickeln, sondern sie so schützen, wie sie wirklich ist. Nicht, wie wir sie gerne hätten. »Natur Natur sein lassen«, heißt denn auch das einfache Motto der Nationalparks.

Trotz ihres Inselcharakters bewahren Nationalparks nicht nur die hier lebenden Pflanzen und Tiere. Sie sind Teil eines weltumspannenden Biotopverbundes und damit wichtiger Trittstein für wandernde Arten, in Deutschland zum Beispiel für Millionen Zugvögel.

Wenn im industrialisierten, kanalisierten, kultivierten und flurbereinigten Europa neue Nationalparks eingerichtet werden, dann braucht es meist Jahrzehnte, bis alle stofflichen Nutzungen auslaufen oder eingestellt werden können, bis die labile, alte Menschenordnung zerbrechen, zerfließen, vermodern und versinken darf. Die Verleihung des Titels »Nationalpark« ist deshalb als

Programm zu verstehen. Als Programm zum Loslassen. Dies gilt praktisch für sämtliche deutsche Nationalparks, denn sie sind alle vergleichsweise jung.

Erste Aufgabe der meisten Reservatsverwaltungen war meist der Abriss von Gebäuden und Anlagen, von Jagd- und Forsteinrichtungen, vor allem von Entwässerungs- oder Deichsystemen, oft auch die Bergung von Munition und die Beseitigung anderer Altlasten. Langwieriger gestaltet sich die Einstellung stofflicher Nutzungen. Also der Land-, Fisch- und Forstwirtschaft oder etwa der Abbau von Kies oder anderen Rohstoffen. Dies geschieht schrittweise und unter Berücksichtigung sozialer Aspekte.

Nicht Einmischung, sondern Koexistenz

Nach den internationalen Kriterien sind – langfristig gesehen – auf maximal einem Viertel der Nationalparkfläche traditionelle und naturnahe Nutzungsformen in geringem Umfang möglich. Meist schützen diese Pflege- oder Entwicklungszonen auch wertvolle Kulturlandschaften. Wertvoll deshalb, weil sie Lebensräume bewahren, die wir andernorts vernichtet haben oder nicht zulassen. Dies gilt zum Beispiel für Offenlandschaften. Unter natürlichen Bedingungen würden sie in baumfreien Mooren, in großen Überflutungsgebieten an Küsten und Flüssen, oder auch nach Bränden und anderen Spontan-Ereignissen vorkommen. Vor allem Insekten und Vögel brauchen solch sonnige Flächen. Sie finden sie in unseren Breiten heute meist nur noch auf Schaf- und Rinderweiden. Deshalb »mähen« Vierbeiner die Dünenheide und die Trockenrasen auf Hiddensee sowie die Salzgrasländer einiger Boddenufer und -inseln.

Doch wer sich für die Pflege einer Tier- oder Pflanzenart entscheidet, entscheidet sich damit gegen viele andere. So fördert zum Beispiel die Beweidung der Grasländer vor den Deichen seltene Pflanzen und Vogelarten der Salzweiden. Sie verhindert jedoch den hier eigentlich typischen Schilfgürtel und damit z. B. die Ansiedlung des ebenfalls bedrohten Schilfrohrsängers, der Bartmeise und der Striemen-Schilfeule. Globales Ziel ist deshalb nicht, in möglichst vielen Gebieten ein möglichst perfektes Management einzurichten, sondern der Natur so viel Raum zurückzugeben, wie zum Überleben aller Arten nötig ist. Wir müssen also nicht hegen und pflegen, weil die Natur es ohne uns nicht schafft, sondern weil wir ihr nicht genügend Raum und Zeit lassen.

Ganz »nebenbei« dient ein Nationalpark auch der Erhaltung bzw. der Wiederherstellung des Naturhaushaltes. Zu seinen Dienstleistungen gehören nicht zuletzt

1 | An ruhigen Stränden genießt der Fisch-
otter die Sonne. Andernorts traut er sich
nur nachts aus seinem Bau.

2 | Das Leberblümchen gedeiht auf den
reichen Lehmböden Westrügens. Im Ralower
Holz reckt es unter Ulmen und Linden seine
Blütenköpfe in den Vorfrühling.

3 | Deutschland hat eine besondere
Verantwortung für die Buchenwälder, deren
natürliches Hauptverbreitungsgebiet sich
mit unserem Staatsgebiet deckt.

>>Mach Dir nicht vor, Du wolltest
Irrtümer in der Natur verbessern.
In der Natur ist kein Irrtum,
sondern der Irrtum ist in Dir.<<

Leonardo da Vinci (1452–1519)

die Lieferung von Sauerstoff, die Speicherung von Kohlendioxid und Wasser, die Reinigung von Wasser und Luft und die Bereitstellung von Erholungsräumen.

Mit den Nationalparks wollen wir die letzten ursprünglichen Ökosysteme schützen und unser Naturerbe bewahren. Mit den Nationalparks wollen wir die Natur auf vielen von uns genutzten Flächen aber auch wieder in ihre alten Rechte einsetzen und ihr die Regie überlassen. Wir wollen also alte Wildnis erhalten und neue möglich machen.

So wichtig der Schutz von einzelnen, großräumigen Landschaften auch ist – sie allein können das Artensterben, den Raubbau an der Natur nicht aufhalten. In einer Gesellschaft, die das Ausatmen verlernt hat, die nur noch schluckt und rafft und stapelt, seien es nun Events, Konsumgüter oder Reisekilometer, in einer Welt, die den Preis aller Dinge kennt, selten aber ihren Wert, in einer solchen Welt brauchen wir vor allem ein neues Verhältnis der Menschen zur Natur. Zu diesem neuen Verhältnis beizutragen, das ist neben dem unmittelbaren Schutz des jeweiligen Gebietes die zweite wichtige Aufgabe aller Nationalparks. Die Reservate schließen Menschen also keineswegs aus. Sie fungieren vielmehr als Umweltschulen der Nation und als besonders reizvolle Schaubühnen der Natur. Geduldigen Besuchern gewähren sie faszinierende Einblicke in die geniale Werkstatt der Schöpfung, in das ständige Werden und Vergehen, das keiner vom Menschen erdachten Regeln bedarf.

Hier bezwingen wir wilde Natur nicht, sondern bestaunen ihre Wunder, ihren Reichtum und ihre Energie. Hier lernen wir sie wieder schätzen. Hier wird uns bewusst, dass wir ein Teil von ihr sind. Je weiter sich unsere Lebens- und Arbeitswelt von ihr entfernt, desto größer wird unsere Sehnsucht nach ihr. Umgeben von virtuellen und multimedialen Welten wächst unser Bedürfnis nach der unverfälschten Wirklichkeit. In den Nationalparks begegnen wir dem Ungezähmten. Hier genießen wir das Einfache und Erhabene, die Langsamkeit und die Einsamkeit. Von Informationen bombardiert, von Terminen gejagt und von Siedlungsbrei umzingelt befreien wir uns hier wenigstens zeitweise von unseren

Zwängen. Hier lassen wir den Dschungel der Großstadt und den verzehrenden Alltag hinter uns.

Mitten im Wald oder auf dem Wasser werden wir rasch ruhiger. Wir verlangsamen unseren Schritt und genießen die Schwerelosigkeit. Verwundert und erleichtert erkennen wir bei einem Besuch im Grünen, dass die Natur unbeirrt ihren Weg geht. Im Nationalpark erden wir uns. Hier nehmen wir wieder Kontakt zu uns selbst auf, zu unseren Sinnen, Gefühlen und Instinkten.

Die freie Natur begeistert und berührt uns. Sie beseelt uns. Sie lässt uns die Welt mit anderen Augen sehen. Plötzlich stellen wir fest, dass wir solch unverdünnte Natur brauchen. Jenseits aller Ökonomie. Einfach nur für unseren

Foto: Voigt & Kranz

inneren Frieden, für unsere Gefühlswelt, zur Besinnung, zur Einkehr, zur Inspiration, zum Auftanken und Durchatmen. Plötzlich erkennen wir, dass die Nationalparks auch Seelenschutzgebiete sind. Und im selben Augenblick wird uns bewusst, welch unermessliches Gut wir auf dem großen >>Rest<< der Fläche bereits verloren haben.

Zurück
in die Zukunft

Dem Lauf der Dinge können
wir uns nicht ungestraft in den
Weg stellen. Die Schutzbestim-
mungen des Nationalparks
müssen konsequenter umgesetzt
werden.

An mehreren Stränden zeigt uns die Natur, wie schön
Wellenbrecher sein können. Wo wir auf Buhnen
verzichten, stellt sie Skulpturen auf. Vom Schicksal
gezeichnet schützt dieser stolze Baum die Küste
vermutlich noch mehrere Jahre.

Zwar wurden Teile des heutigen Nationalparkgebietes bereits in den Fünfziger- und Sechzigerjahren zu Naturschutzgebieten erklärt, ihre Bestimmungen aber nie vollständig umgesetzt. Umso energischer ergriffen engagierte Naturschützer der DDR die historisch einmalige Chance, die ihnen die turbulenten Wende-Monate bot. 1990 arbeiteten Michael Succow, Lebrecht Jeschke, Hannes Knapp und Matthias Freude mit weiteren Enthusiasten fieberhaft an einem Nationalparkprogramm, mit dem fünf Prozent der DDR-Fläche unter Schutz gestellt werden sollten. Darunter auch die Vorpommersche Boddenlandschaft. Bundesumweltminister Klaus Töpfer schickt den erfahrenen Juristen Arnulf Müller-Helmbrecht zur Unterstützung in den Osten. Auch westdeutsche Nationalparkämter und Naturschutzverbände halfen. Schließlich gelang es, in nur neun Monaten fünf Nationalparks, sechs Biosphärenreservate und drei Naturparks auszuweisen. Mit dem letzten Beschluss der letzten DDR-Regierung wurden sie am 12. September 1990 festgesetzt.

Mit einem Hieb holte das ostdeutsche Nationalparkprogramm vieles nach, was in vierzig Jahren DDR versäumt wurde. Klaus Töpfer bezeichnete es als »Tafelsilber der deutschen Einheit«. Der bekannte Autor Horst Stern meinte daraufhin, dass der Nationalpark Vorpommersche Boddenlandschaft dann wohl das »Fischbesteck« sei.

Grünes Erbe der Nation gesichert

Mehr als 30 Jahre nach Gründung des Nationalparks lässt sich eine positive Bilanz ziehen. In einem für die Natur eher unbedeutenden Zeitraum konnte der Fortbestand des Naturerbes nicht nur gesichert, sondern sein Zustand in vielen Teilen deutlich verbessert werden.

So zog sich das Militär fast restlos zurück. In gut sechzig Jahren hatte es sich mit zwei Schießplätzen, zwei Häfen, einem Flugplatz, ungezählten Grenzanlagen, Bunkern, Radareinrichtungen sowie mehreren Kasernen im feinen Sand verschanzt. Bevor die Natur wieder das Kommando übernahm, wurden Tausende Tonnen Stacheldraht, Beton, Asbest und Munition entsorgt. Dass hier nur noch Tiere und Naturfreunde auf Streife gehen, dass über die Hinterlassenschaften des Dritten Reiches und des Kalten Krieges wieder Gras wächst, zählt zu den großartigsten Leistungen im ersten Nationalpark-Jahrzehnt.

Im September steigen die Nebel und die Hormonspiegel. Für das männliche Rotwild ist nun jeder Geschlechtsgenosse ein Kontrahent. Auf der Buchhorster Maase brüllen sie sich wochenlang an. Wenn sich keiner der Widersacher geschlagen gibt, kommt es zum Showdown. Dann krachen die Geweihe lautstark aufeinander.

Ein jähes Ende fand zudem die intensive Landwirtschaft in der Region. Vor allem die Düngerfluten sowie der Einsatz von Pestiziden gehören der Vergangenheit an. Stallungen und Produktionsanlagen wurden abgerissen, einige Äcker stillgelegt, andere in eine schonende, extensive Beweidung überführt. Die Fischerei wurde gedrosselt und erste Entwässerungsgräben hat man zugeschüttet. So führen Brüche und Moore zunehmend mehr Wasser, Schilfgürtel breiten sich aus, Vogelbestände erholen sich. Ausgewählte Deiche wurden entfernt und wertvolle Überflutungsflächen an die Natur zurückgegeben. Dank moderner Klärwerke verbesserte sich die Wasserqualität der Bodden und ihrer Zuflüsse.

In Widerspruch zu Geist und Buchstaben der Nationalparkprinzipien stand in der Boddenlandschaft lange der Umgang mit dem Wald. Viele Jahre fand natürliche Verjüngung größtenteils nur hinter Zäunen statt. Windbruch und Totholz wurden mit schweren Maschinen aufgearbeitet, der Boden teilweise umgepflügt und Bäume gepflanzt. Auch die Jagd ging gegen den Baum. Das Wild wurde gefüttert und eine konservative Trophäenjagd betrieben. Die Reduzierung der Wildbestände auf ein natürliches Maß war so unmöglich. Mit dem Wechsel in der Nationalparkleitung 2010 erlebte die Boddenlandschaft ihre zweite Wende. Das Wildmanagement erfolgt seither nationalparkgerecht. Und die Holzwirtschaft lief 2017 aus.

Erfolg Nummer vier: Während Teile der Region wegen der Staatsjagd und der Militärgebiete bis 1989 gesperrt waren, sind sie heute für jedermann zugänglich. Im Nationalpark entstand ein weitverzweigtes Wege- und Informationssystem. Es führt Besucher durch empfindliche Lebensräume, ohne sie zu zerstören. Informationszentren und Veranstaltungen bieten Erlebnisse und Wissen für alle Zielgruppen, eine hauptamtliche Wacht betreut die Gebiete.

Erfreulicher Nebeneffekt des Nationalparks: Er verschafft der regionalen Tourismuswirtschaft im harten Wettbewerb einen beachtlichen Vorteil. Seine Vorschriften machen ihn zum dauerhaften Garanten für Qualität. Das Schutzgebiet ist also keineswegs ein Bremsklotz für die gedeihliche Zukunft der Region, sondern eher ein Katalysator.

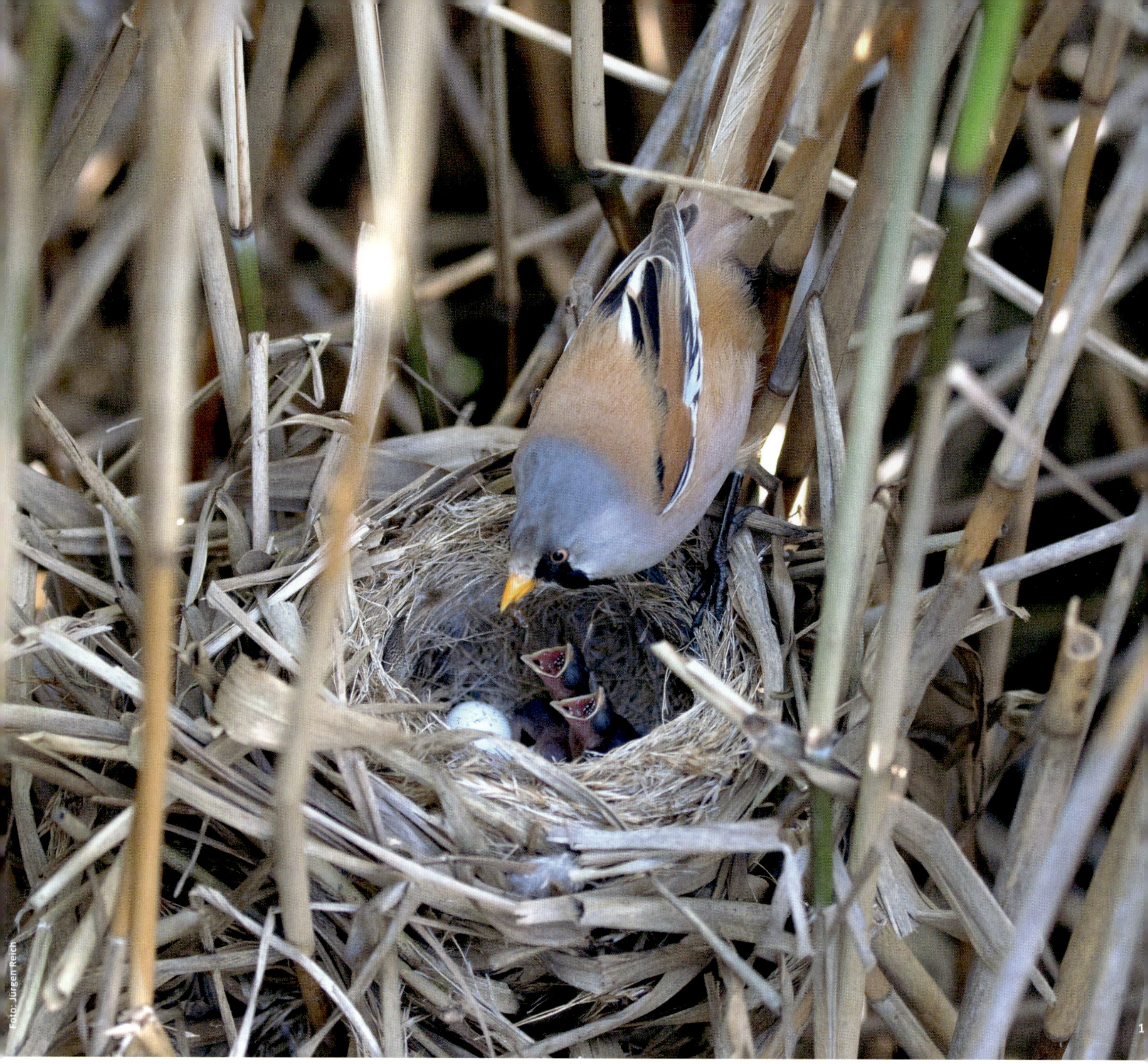
Foto: Jürgen Reich
1

Foto: Jan Baginski
2

Foto: Arnett Storm
3

Foto: Lutz Storm
4

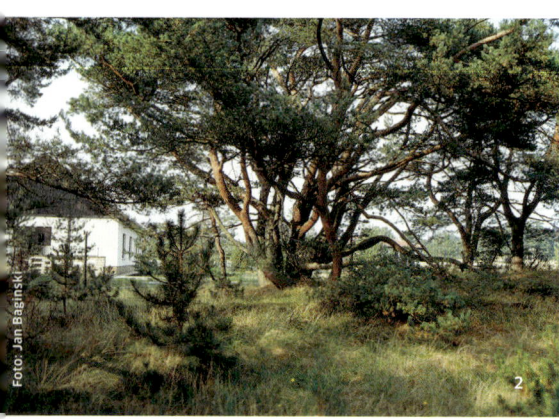

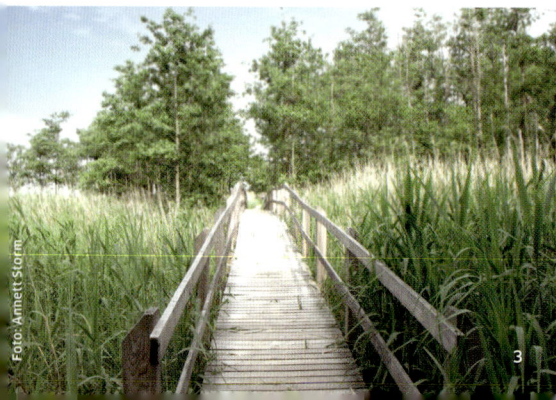

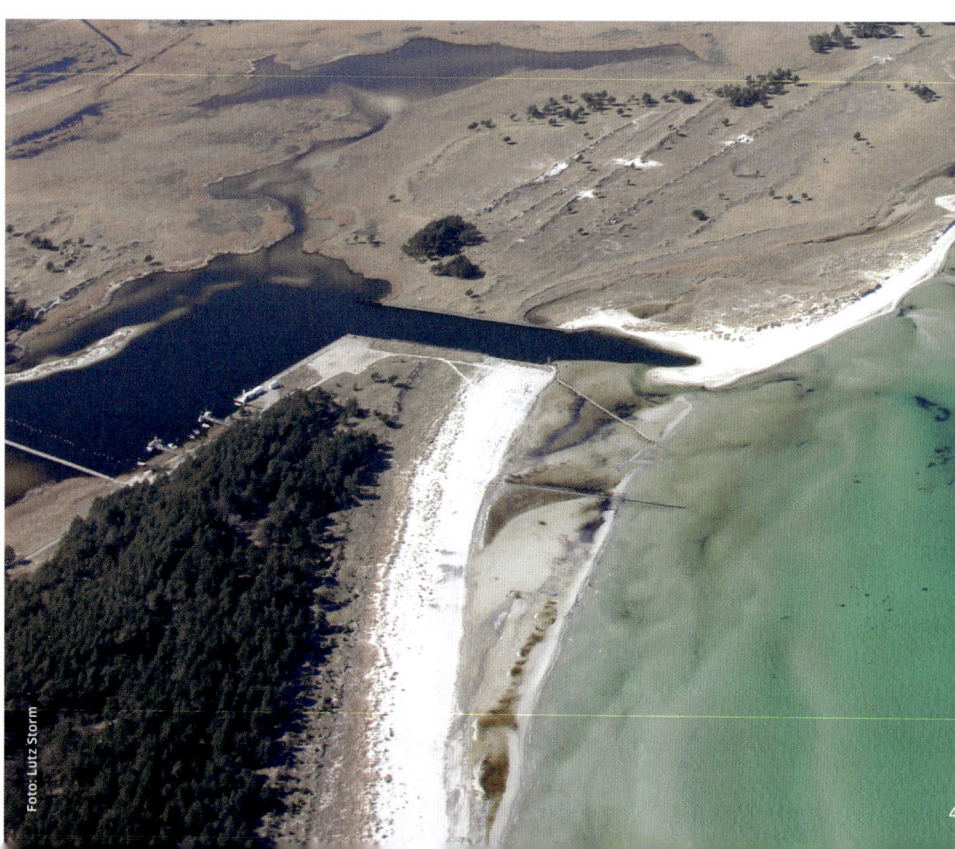

> »Traditionen sollen die Söhne nicht daran hindern,
> es besser zu machen als die Väter.«
>
> Thomas Mann (1875–1955)

Am Kap wächst die Hoffnung

Zu den wunden Punkten des Parks zählt der Nothafen am Darßer Ort. Er liegt mitten in einem der bewegtesten und kostbarsten Abschnitte der gesamten Ostseeküste. Von der Volksarmee seinerzeit gegen geltendes Naturschutzrecht angelegt, wird seine Zufahrt inzwischen zweimal im Jahr ausgebaggert und damit der natürliche Sandtransport massiv gestört. 2015 kündigte die Landesregierung von Mecklenburg-Vorpommern jedoch einen Hafenneubau außerhalb des Schutzgebietes an und machte den Darßer Ort damit zum Kap der Guten Hoffnung. Nur ein paar hundert Meter weiter liegt mitten in den empfindlichen Dünen und im Wald dahinter ein Campingplatz. Er behindert – wie der Nothafen – Deutschlands stetes Wachstum (Seite 56).

Für Schlagzeilen sorgt immer wieder der Zustand der Ostsee. Internationale Anstrengungen machten es zwar möglich, dass die Belastung durch Siedlungs-Abwasser in den letzten Jahren erheblich abnahm. Aber Entwarnung kann noch nicht gegeben werden. Immer noch gilt das flache Meer, mit über 200 Zuflüssen und einem geringen Selbstreinigungsvermögen, als eines der am stärksten belasteten der Welt. Dabei geht es weniger um Schadstoffe als vielmehr um Nitrate und andere Nährstoffe, die vor allem die industrielle Landwirtschaft verursachen. Sie lassen im Sommer die Algen wuchern und den Sauerstoff knapp werden. Darunter leiden besonders die Fische, die außerdem durch die intensive Fischerei in ihrem Bestand gefährdet sind.

Großen Kummer bereitet den Menschen der Region die Kadetrinne. Die Fahrrinne direkt vor dem Nationalpark misst an ihrer schmalsten Stelle nur eine Seemeile. Jährlich zwängen sich hier über 85.000 Schiffe durch. Tendenz rasant steigend. Experten sprechen inzwischen von der am dichtesten befahrenen Seefahrtsstraße der Welt. Und so geriet das Nadelöhr in jüngster Vergangenheit regelmäßig zum Schauplatz von Beinahe-Katastrophen. Sogar Tanker schlugen hier Leck. Mehrfach entging der Nationalpark nur um Haaresbreite einer Ölpest.

Schwierig auch: Große Teile des Nationalparks leiden unter hohem Verkehrsaufkommen und stellenweise auch unter einem zu großen Andrang z. B. von Wassersportlern. Für eine umfassende Überwachung fehlen der Gebietsverwaltung jedoch die Ausstattung und das Personal. Selbst zu breitenwirksamer Öffentlichkeitsarbeit und Umweltbildung ist sie nur teilweise in der Lage. Überdies liegen viele Kompetenzen für das Gebiet nicht beim Nationalparkamt.

Und immer wieder muss sich das gesetzlich geschützte Gebiet neuer Angriffe erwehren. Regelmäßig geistern Pläne für einen Durchstich (eine kanalartige Verbindung zwischen Ostsee und Bodden), für einen Golfplatz im Nationalpark und andere Großprojekte durch die Region. Allesamt mit unabsehbaren Folgen für das Ökosystem.

Fazit: Gemessen am Machbaren ist der Nationalpark einen beachtlichen, gemessen am Notwendigen aber erst einen kleinen Schritt vorangekommen. Doch auf den meisten Gebieten (außer den finanziellen) zeichnet sich Besserung ab. Die Landespolitik nimmt das Thema Nationalpark ernst. Die Amtsleitung vor Ort sowieso. Und auch in der Region wächst die Bereitschaft, der Natur die Regie zu überlassen.

1 | Die jungen Bartmeisen zeigen den auffälligsten Sperr-Rachen unter den in Europa beheimateten Vogelarten. Noch im Jugendkleid finden sie sich zu unzertrennlichen Paaren zusammen.

2 | Die Bungalows für die Ordensträger der DDR-Armee existieren Gott sei Dank nicht mehr. Einst widerrechtlich in den feinen Sand gesetzt, erinnern nur noch Fotos an die Sünden der Vergangenheit.

3 | Wenige hundert Meter weiter wächst ebenfalls Gras über alte Wunden. Eine früher regelmäßig gemähte Wiese darf heute ins Kraut schießen.

4 | Immer häufiger schaufelte die Ostsee in den letzten Jahren die Zufahrt zum Nothafen Darßer Ort zu. Immer wieder wurde sie ausgebaggert. Das Bild aus dem Mai 2013 zeigt das Hafenbecken, den Kanal und davor einen frischen Sandwall. 2015 sagte Mecklenburg-Vorpommerns Landwirtschaft- und Umweltminister Dr. Till Backhaus einem Hafenneubau in Prerow zu. Alle alten Anlagen in der Kernzone werden zurückgebaut.

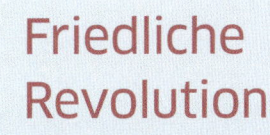

Friedliche Revolution

In der Sundischen Wiese einen Schießplatz
zu betreiben, war ein Irrtum. 30 Jahre nach
der achtbaren Rückgabe erinnert jedoch
nichts mehr daran. Jetzt ist das Areal hinter
Zingst ein stiller Tummelplatz für Wasser-,
Schilf- und Greifvögel. Auch die scheue
Rohrdommel schlägt versöhnliche Töne
an und balzt wieder im Revier.

Den **Nationalpark** erleben

Deutscher NaturfilmPreis macht Wieck zum Seh-Bad

Wilde Tiere und atemberaubende Landschaften, einzigartige Ökosysteme und seltene Arten von allen Kontinenten – sie gehören zu den Hauptdarstellern der besten deutschen Naturdokumentationen. Auf dem Darßer NaturfilmFestival sorgen sie – und die durchziehenden Kraniche – jeweils im Herbst fünf Tage lang für Aufsehen. Mit den Zugvögeln reisen zahlreiche Filmemacher sowie Natur- und Filmfreunde an. Das Festival präsentiert über 40 aktuelle Produktionen, darunter die Nominierten im Wettbewerb um den Deutschen NaturfilmPreis. Die Streifen laufen in mehreren Orten der Region. Das Rahmenprogramm bietet aber auch einen Blick hinter die Kamera. In Diskussionsrunden im Anschluss an die Vorführungen sowie in Werkstattgesprächen berichten Autoren, Regisseure, Kameraleute und Redakteure von der Produktion der grünen Movies. **www.Deutscher-Naturfilm.de**

Deutschlands großes Umweltfotofestival in Zingst

Der wilde Charme dieses Meerlandes lockte schon vor über hundert Jahren Maler in eine Künstlerkolonie auf die Halbinsel Fischland-Darß-Zingst. In unseren Tagen pilgern Fotografen aller Couleur in den Nationalpark. Ende Mai, Anfang Juni treffen sich Hobbyfotografen, Profis und Studenten in Zingst zu einem der ganz großen Festivals ihrer Branche. Sie bringen ihre besten Bilder mit. Die Motive zeigen die Größe und Schönheit der Schöpfung. Und sie thematisieren ihre Verletzlichkeit und Bedrohung. »horizonte zingst« zeigt Flora und Fauna jedoch nicht nur aus allen erdenklichen Perspektiven. Das Festival bietet auch ein vielfältiges Bildungsprogramm. Darunter eine Fülle von Workshops, Vorträgen, Filmen und Foren sowie ein Druckcenter und einen Fotomarkt. **www.Horizonte-Zingst.de**

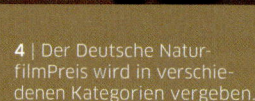

1 | Besuchereinrichtungen wie dieser Steg am Darßer Ort bieten den Besuchern einmalige Einblicke in besonders sensible Bereiche des Nationalparks.

2 | Mit der Vorsitzenden des Fördervereins, Annett Storm, kann man auf Exkursionen die Geheimnisse des Nationalparks entdecken.

3 | Sonnentau und Torfmoose blühen auf, wenn es für andere Pflanzen auf feuchtem Grund schon nichts mehr zu holen gibt.

4 | Der Deutsche NaturfilmPreis wird in verschiedenen Kategorien vergeben.

5 | Die Spitze des Darßer Ortes ist sehr dynamisch. In einigen hundert Jahren wird auf diesem jungen Land ein Wald stehen.

6 | Am Langender Weg lag vor rund 1000 Jahren die Küste und südlich des Weges der Lange See. Der Regensommer 2011 flutete diese Niederung und gab damit den Startschuss für einen sehr dynamischen Waldumbau.

7 | An stillen Tagen liegen die Bodden wie Spiegel in der Landschaft.

Der Nationalpark ist kein abgeschirmtes Reservat. Er bietet neugierigen Besuchern einige Hundert Wege-Kilometer mit vielen spannenden Einblicken und anmutigen Aussichten. Aber Obacht: Die Boddenlandschaft eignet sich nicht für eilige Eroberer. Wenn man mit dem Auto bis an den Strand fährt, verspricht das keinen besonderen Genuss. Wer aber eine Stunde durch den Wald gelaufen ist, wer die Pilze gerochen und dem Morse-Code der Spechte zugehört hat, dem geht das Herz auf, wenn er plötzlich am Meer steht. Wenn sich der Horizont auftut. Wenn das Raunen der Bäume in das Rauschen der Brandung fließt und die salzige Seeluft das Gesicht streichelt.

Dieses einzigartige Kronjuwel des europäischen Naturerbes entdecken Sie am besten zu Fuß, mit dem Fahrrad, dem Schiff oder auf der Kutsche. Was sich unter Wasser, in der Erde oder über unseren Köpfen abspielt – das zeigen mehrere Besucherzentren. Viele Museen und Ausstellungen präsentieren zudem die kulturellen Traditionen dieser Charakterlandschaft. Und bei zunehmend mehr Anbietern kann man sich die Boddenlandschaft auch auf der Zunge zergehen lassen. Auf der Website des Fördervereins Nationalpark Boddenlandschaft finden sich viele Hinweise und Adressen für erlebnisreiche Stunden.

Foto: Jens Voigt

Wir können auch anders

Jeder kann etwas tun und lassen. Jeder kann bewusst einkaufen, Ressourcen sparen, sich engagieren.

Tun und Lassen – das ist der Dualismus, der uns eine lebenswerte Zukunft sichern soll. Gern übertragen wir solche Dinge dem Staat oder der Politik. Aber in Sachen Naturschutz kann jeder etwas tun und lassen. Wenn Sie im Nationalpark unterwegs sind, bleiben Sie bitte auf den ausgewiesenen Wanderwegen! Akzeptieren Sie die wenigen Betretungsverbote! Verhalten Sie sich ruhig und stören Sie keine Tiere. Lassen Sie öfter mal Ihr Auto stehen. Machen Sie kein Feuer am Strand oder gar im Wald. Hier und zu Hause können Sie eine ökologische, nachhaltige Land-, Fisch- und Forstwirtschaft fördern, indem Sie bewusst einkaufen. Geben Sie regionalen Produkten den Vorrang. Vermeiden Sie Abfall und trennen Sie Ihren Müll. Nutzen Sie Recyclingprodukte.

Selbstverständlich freuen wir uns, wenn Sie unseren Verein unterstützen. Mit Ihren Anregungen und Hinweisen können Sie unsere Arbeit effektiver machen. Das Gewicht des Fördervereins wächst selbstverständlich mit der Zahl seiner Mitglieder. Mehr Mitglieder bedeuten zudem mehr Sachverstand und mehr finanzielle Mittel. Auch mit einer Spende können Sie unsere Arbeit für dieses grandiose Schutzgebiet unterstützen. Außerdem freuen wir uns, wenn wir Sie auf einem der erlebnisreichen Vereinstreffen im Frühjahr und im Herbst begrüßen können. Auf unserer Website finden Sie ein Aufnahmeformular, unsere Satzung, unser Spendenkonto und weitere aktuelle Informationen.

Der 1990 gegründete Verein zählt rund 500 Mitglieder. Von Anfang an engagieren wir uns besonders für eine intensive Besucherinformation. So beteiligte sich der Verein am Aufbau der Ausstellungen in Wieck, in Barhöft und auf Hiddensee. Wir unterstützten den Druck von Publikationen, den Aufbau einer Fachbibliothek, die Anschaffung von Ferngläsern und Mikroskopen für die Kinder- und Jugendarbeit und den Bau von Bohlenstegen. Wir führen Exkursionen durch, betreiben Jugendfilmcamps und wirken federführend beim Darßer NaturfilmFestival mit. Darüber hinaus setzt sich der Verein aktiv für die Belange des Schutzgebietes ein, insbesondere für die konsequente Umsetzung der Nationalpark-Verordnung.

Machen Sie mit:

Förderverein Nationalpark Boddenlandschaft e.V., Bliesenrader Weg 2, 18375 Wieck a. Darß, fon (038233) 719271, verein@bodden-nationalpark.de

Foto: Timm Allrich

www.Bodden-Nationalpark.de

Nationalpark Vorpommersche Boddenlandschaft

Übersichtskarte

DÄNEMARK

Kiel
Schleswig-Holstein
Lübeck
Hamburg
Wismar
Schwerin
A 20
A 19
Neubrandenburg
A 24
Brandenburg
A 1
A 7
Niedersachsen
Sachsen-Anhalt
A 10
Berlin

Rostock
Stralsund
Greifswald
Rügen
Ostsee
Mecklenburg-Vorpommern
A 20
Stettin
A 11
POLEN

Nationalpark Vorpommersche Boddenlandschaft

Legende

- Nationalpark
- Nationalpark, Kernzone
- Aussichtspunkt
- Information

0   5 km

O s t s e e

Darßer Ort

Neudarß

Ostseebad
Prerow

Ostseeheilbad
Zingst

Osterwald

Z i n

Müggenburg

Kirr

Fitt

Kleine
Wiek

Gro

D a r ß

Altdarß

Drei Eichen

Wieck
a. Darß

Barther Oie

Born
a. Darß

Bodstedter
Bodden

Barther Bodden

Gra

Ostseebad
Ahrenshoop

Koppelstrom

Pruchten

Bodstedt

Reden-
see

Michaels-
dorf

Fuhlendorf

Barth

Saaler Bodden

Neuendorf

Groß
Kordshag

Nationalpark Vorpommersche Boddenlandschaft

Dranske

Enddorn
Dornbusch
Grieben
Kloster
Neubessin
Altbessin
B u g
Vitte
Vitter
Bodden
Rassower Strom
Bodden

Ostseebad
Insel Hiddensee
Fähr-
insel
Schaproder
Neuendorf
Schaprode
Trent
Bodden
Öhe
Udarser Wiek

Koselower
See
Gellen
U m m a n z
Waase

Gingst

W i n d w a t t
Bock
Hohe Düne
Großer Werder
Kleine
Werder
Barhöft
Heuwiese
R ü g e n
e s e
Pramort
t
Die Au

Hohendorf
Klausdorf
Kubitzer
Liebitz
Prohner
Bodden
Groß Mohrdorf
Wiek

Prohn

Altenpleen
Bessin

Samtens
Rambin

Strelasund

Hansestadt
Stralsund
Altefähr

© 2014, KARTIS, 22941 Bargteheide

Foto: Timm Allrich

Berauscht von der Seeluft, entzückt von dem besonderen
Licht und fasziniert von diesem wildromantischen Waldmeer
ließen sich in der nahen Ahrenshooper Künstlerkolonie
Generationen von Malern nieder.

Magische Wildnis an der Ostsee
Der Nationalpark Vorpommersche
Boddenlandschaft

Herausgeber
Förderverein Nationalpark
Boddenlandschaft e.V.
Bliesenrader Weg 2, 18375 Wieck a. Darß
www.Bodden-Nationalpark.de

Kooperationspartner
Nationalparkamt Vorpommern
Im Forst 5, 18375 Born (Darß)
www.Nationalpark-Vorpommersche-
Boddenlandschaft.de

Fotofestival »horizonte zingst«
Seestraße 56, 18374 Ostseeheilbad Zingst
www.Horizonte-Zingst.de

Mit freundlicher Unterstützung von
Druckerei Weidner Rostock,
Hinstorff Verlag, Rostock,
WERK3 Werbeagentur Rostock

Text
Jan Baginski

Mitarbeit
Annett Storm

Wissenschaftliche Beratung
Dr. Hans Bibelriether,
Prof. Dr. Hans Dieter Knapp,
Dipl.-Ing. Jörg Schmiedel

Lektorat
Henry Gidom

Fotos
Timm Allrich www.timmallrich.de,
Jan Baginski, Fotolia, Heinz Bußler,
Carsten Linde www.grauerkranich.de,
Mario Müller www.darssfotograf.de,
Ludwig Nikulski,
Dr. Günter Nowald www.kraniche.de,
Jochen Purps, OKAPIA,
Jürgen Reich www.juergen-reich.de,
Dietmar Reimer,
Norbert Rosing www.rosing.de,
Annett Storm, Lutz Storm,
Voigt & Kranz www.voigt-kranz.de,
WERK3, Wolf Wichmann

Karte
Nationalparkamt Vorpommern / KARTIS,
22941 Bargteheide www.kartis.de

Design, Satz
WERK3 Werbeagentur Rostock
www.WERK3.de

Druck
Druckerei Weidner Rostock
www.Druckerei-Weidner.de
Gedruckt mit mineralölfreien Farben
auf 170 g/m² Profi Bulk 1.1 von IGEPA

MIX
Papier aus verantwor-
tungsvollen Quellen
FSC
www.fsc.org
FSC® C110239

klimaneutral
natureOffice.com | DE-324-448176
gedruckt

Die Deutsche Bibliothek verzeichnet diese
Publikation in der Deutschen National-
bibliografie; detaillierte bibliografische
Daten unter http://dnb.de

© Hinstorff Verlag GmbH
Rostock 2015
Lagerstraße 7, 18055 Rostock
Postfach 10 10 11, 18001 Rostock
www.hinstorff.de

2., überarbeitete und
aktualisierte Auflage 2020
Printed in Germany
ISBN 978-3-356-01985-8

Erlöse aus dem Verkauf kommen dem
Förderverein Nationalpark Boddenland-
schaft e.V. für seine gemeinnützige
Arbeit zugute. Spenden sind herzlich
willkommen. Spendenkonto und aktuelle
Informationen unter:

www.Bodden-Nationalpark.de

Weitere Informationen über Mecklenburg-
Vorpommern – Land zum Leben – unter

www.mv-tut-gut.de